L'homme et l'avenir de la planète

Colloque organisé par Marcel Germon Conseils
avec l'aide de Generali France et *Le Point*,
Ogic et Radio-France,
le CEA et *Sciences & Avenir*,
Veolia Environnement et
Le Figaro Magazine.

L'homme et l'avenir de la planète

Colloque organisé à la Maison de la Chimie, Paris, le 17 mai 2006

Éditions du Layeur

10, rue Salneuve, 75017, Paris. ISBN : 2-915118-59-0

Sommaire

Marcel Germon

Président de Marcel Germon Conseils

Monsieur le Ministre,
Monsieur le Gouverneur et Président,
Mesdames, Messieurs,
Mes chers amis,

C'est avec une immense émotion et un profond bonheur, que je souhaite la bienvenue à chacun d'entre vous. Votre présence est pour moi un cadeau inappréciable, et je veux surmonter mon trouble pour remercier du fond du cœur, tous ceux qui ont permis l'organisation de cette journée. Tout particulièrement Dominique de Villepin, Premier ministre et José Manuel Barroso, président de la Communauté européenne, qui ont répondu favora blement et avec rapidité à notre demande de haut patronage.

Mes remerciements vont aussi à mes amis du Comité d'organisation : Dominique Lecourt, Étienne Klein, Philippe Kourilsky, Jean-Didier Vincent, sans qui rien

n'aurait pu se faire.
Grâce à ces soutiens et aux bonnes volontés qui se sont manifestées, nous allons pouvoir ouvrir cette journée de débats scientifiques, au cours des quatre tables rondes sur l'énergie, le climat, la biodiversité et l'urbanisation.
Auparavant, je voudrais vous exprimer ma foi en l'homme, en vous disant combien j'espère et je crois en son potentiel de création positive.
Oui, c'est l'homme, destructeur et prédateur qui est responsable de l'effet de serre et du réchauffement de la planète, provoquant accroissement des cyclones, fonte de la banquise et des glaciers, montée du niveau des océans... des bouleversements aux conséquences considérables.
L'heure est d'ailleurs au pessimisme et on ne cesse d'entendre que le scénario des temps à venir sera des plus noirs, pris entre dérèglement du climat et course aux armes atomiques qui ferait craindre une « Guerre des Mondes » à la H. G. Wells.
Cette vision d'un avenir condamné à la fois par l'exploitation aveugle de la nature ou par la folie de certains ne peut être la nôtre ! Pour ma part, j'ai l'audace de penser et d'espérer que nos enfants vivront mieux et plus longtemps que nous !
Cette conviction ne doit rien à un optimisme foncier mais à une observation lucide de l'Histoire.
Si nous regardons tout près de nous ce qu'était l'espérance de vie et les conditions dans lesquelles vivaient la plupart des habitants des villes du début du XXe siècle, on ne peut qu'être frappé par les énormes changements

intervenus dans les modes de vie en à peine un siècle.
Les deux guerres mondiales de 1914-1918 et de 1939-1945, malgré le déchaînement de barbarie, ne parvinrent pas à contrarier la marche vers le progrès. Et les Trente Glorieuses qui suivront la Seconde Guerre mondiale viendront revitaliser une Europe ravagée par les destructions.
C'est le Club de Rome qui le premier donnera l'alerte, prédisant un épuisement des réserves mondiales de pétrole à l'horizon 2000, et, de manière générale, mettant en garde contre les effets de la croissance continue.
Si la vision d'ensemble était juste, personne n'avait imaginé à l'époque ce que serait la révolution informatique à venir. Que serait d'ailleurs notre société d'aujourd'hui sans l'informatique ? Aucun domaine ne lui échappe, de l'industrie à la communication en passant par le domaine médical. Sans même parler des développements spécifiques à l'électronique comme les télécommunications, il suffit de voir l'usage qui en est fait dans la gestion de l'énergie pour comprendre combien l'informatique a pesé dans les économies d'énergie de ces dernières décennies.
La connaissance du monde et son observation s'en sont trouvées changées. Permettant désormais une meilleure surveillance des phénomènes révélateurs des dysfonctionnements climatiques de la planète.
C'est par l'intelligence, par sa capacité à trouver des solutions, à relever les défis nouveaux que l'homme pourra surmonter la situation à laquelle il est confronté. L'homme a toujours dû affronter des environnements qui

lui étaient hostiles. Créature fragile, il ne pouvait que compenser par son intelligence l'inadaptation qui était la sienne dans la nature.
Il s'est accroché, il s'est battu, il a réussi à tenir, à durer. Il a inventé l'agriculture, créé des cités ; des civilisations, Sumer, Égypte, Hittites, Inde, Chine ? Les plus grands empires n'ont pas été les gagnants de l'Histoire. C'est l'intelligence surtout qui a permis à la Grèce de briller. Pythagore, Euclide, Platon sont encore les figures d'une humanité qui nous a façonnés, qui nous a transmis leur intelligence.
C'est ce qui permet de rester confiant.
Et, s'il me fallait conclure d'un mot, ce serait sur le mot espoir. Car, rien n'est plus important que l'espoir, que la croyance en un avenir heureux.
Tous ceux qui, au long de cette journée, vont nous faire partager leur expérience et leurs connaissances vont aussi nous faire part de leurs convictions. Ils connaissent les dangers de notre monde mieux que quiconque. Je suis convaincu que leurs travaux se conjugueront avec l'effort de recherche en cours pour imaginer et découvrir les solutions qui permettront aux hommes de demain d'hériter d'une terre en bonne santé et viable.

Oui, mesdames et messieurs, l'homme de demain saura être heureux !

Dominique Lecourt

Professeur de philosophie à Paris VII, Directeur du Centre Georges Canguilhem, Président du comité d'éthique de l'IRD (ex-ORSTOM)

C'est d'avenir une nouvelle fois que nous allons nous entretenir. En décembre 2004, nous nous interrogions sur « la science et l'avenir de l'homme », aujourd'hui sur « l'homme et l'avenir de la planète ». Nous étions partis de la science pour arriver à l'homme ; nous partons de l'homme pour aller à la planète. Mais la planète, bien sûr, va d'emblée nous ramener à l'homme et à la science.

C'est par la science en effet que nous savons ce que « planète » veut dire. Et par les efforts de générations et de générations, leurs observations méthodiques, leurs calculs de plus en plus précis, leurs théories audacieuses, nous avons appris que la Terre est une planète, notre planète. Et que le Soleil est notre étoile.

Une technologie hautement complexe, conjoignant les résultats de multiples disciplines et des millénaires encore d'essais et d'erreurs, de succès et d'échecs, nous a permis en avril 1960 de découvrir la première image prise par satellite de cette planète bleue ; cette image si paisible en apparence, qui a enchanté les écrans des années soixante-dix, et que nous ne pouvons, aujourd'hui encore, contempler sans intense émotion.

Mais à peine avions-nous eu le temps de la trouver belle, plaisante à notre narcissisme cosmique, qu'elle se révélait fragile, souillée, menacée. Nous la devinions tourmentée ; nous la savons menacée. C'est au cours des mêmes années soixante-dix que, des États-Unis et d'Allemagne en particulier, nous sont venues les premières réflexions, les premières alarmes, sinon les premières alertes, sur les questions qui nous réunissent ici même aujourd'hui : l'énergie, le climat, la biodiversité et l'habitat de l'homme. Personne ne doute désormais de ce que les activités humaines provoquent des modifications de plus en plus profondes de « notre planète ». Le monde a découvert que l'industrie la plus civile peut se révéler destructive, que l'agriculture la plus savante peut ne pas nourrir des centaines de millions d'affamés. Et comment ne pas s'inquiéter de ce que l'« enveloppe » même de notre planète bleue soit atteinte, les conditions de notre vie de vivants appelées à se trouver modifiées ?

C'est pourquoi l'avenir aujourd'hui paraît sombre. De nombreux penseurs, parmi les plus influents, cultivent l'idée fataliste. Une véritable philosophie s'élabore qu'on pourrait désigner comme le « néo-fatalisme moderne ». Du fatalisme classique, il reprend l'idée avec laquelle a tant joué Diderot que « c'était écrit » ; que quoi qu'on fasse, on n'y échappera pas ; que les efforts mêmes qu'on consacrera à éviter l'accomplissement du destin, se retourneront et y concourront... Il s'agit à mon sens d'un véritable piège pour la pensée, auquel n'échappe pas le catastrophisme actuel.

Mais si je parle de « néo » fatalisme et si je le dis « moderne », c'est qu'il est renouvelé en fonction d'une conception du monde qui n'est plus celle du siècle des Lumières. Le texte du « c'était écrit » n'est plus imputé à quelque créateur qui en aurait décidé dès l'origine, s'en réserverait le sens et se jouerait de nous. On ne l'attribue pas non plus à quelque « nature » brute divinisée ou diabolisée. Non ! C'est l'homme lui-même en ses facultés supérieures, d'intellect et de volonté, qui est mis en accusation. C'est l'homme qui serait en passe de détruire la planète par les moyens mêmes qu'il a employés à la conquérir et à la mettre en valeur. Et il n'y pourrait plus rien, si ce n'est s'abstenir. Ce que suggèrent les interprétations les plus radicales du fameux « principe de précaution », désormais inscrit au fronton de la constitution de la République française.

Refusons l'idée fataliste même. Ne nous condamnons pas à être les spectateurs de notre désastre. Comme le disait à peu près Alain, le philosophe : « Vouloir, c'est ne point croire que tout est dit. Vouloir c'est saisir sa chance ; c'est savoir que la chance n'est pas encore la chance toute seule ; et qu'elle n'est donc chance que pour le vouloir. » Et c'est donc vers l'action qu'il faut tourner nos pensées, car il n'est pas de vouloir sans faire.

Ne commettons pas l'erreur de vouloir refaire un avenir déjà fait. Ne nous attardons pas à de funestes idées du type : « il aurait fallu » ou « trop tard ! ». L'avenir ne nous aborde pas tout fait. Tenons-nous donc fermement sur le bord de cet avenir, sans craindre l'imprévu qui toujours, dans l'aventure humaine, vient à se présenter.

Ne cédons pas aux passions tristes en imaginant que cet avenir que nous ne savons pas prévoir est néanmoins prévu. L'avenir est inconnu. Le voyage incertain. Préparons-nous à des luttes imminentes et imprévisibles. Le risque appartient d'essence à la vie humaine.

Tel est en quelques mots l'esprit de Grand Angle, qui vous invite sur ces questions brûlantes à un exercice public de la raison. Ce qu'il y a à garder, préserver et renforcer de la philosophie des Lumières. Faute de quoi, c'est le retour à des pensées magiques et à l'obscurantisme. Merci à Marcel Germon de nous l'avoir permis dans de si bonnes conditions. Merci à nos éminents intervenants d'avoir accepté de se prêter au jeu.

I – Énergie

Quel avenir après le pétrole ?

Étienne Klein

Physicien au Commissariat à l'Énergie atomique et Professeur à l'École centrale de Paris

En deux siècles, l'énergie a envahi notre vie quotidienne, facilitant les transports, l'industrie, le chauffage ou les multiples usages domestiques de l'électricité. Depuis quelque temps, les problèmes qu'elle pose, d'ordre économique, sanitaire, géopolitique, technologique, stratégique et même « sociétal », envahissent les journaux et font partie - à juste titre - des préoccupations des décideurs et de nos concitoyens. C'est pourquoi nous avons décidé de leur accorder une large place dans cette deuxième édition de « Grand Angle sur l'avenir ».

Remarquons d'abord que notre façon d'évoquer les problèmes d'énergie demeure souvent ambiguë, voire trompeuse (sans doute parce que le concept d'énergie demeure l'un des plus abstraits et des plus multiformes de la science et qu'il ne date que d'un siècle et demi). Nous n'utilisons pas toujours les bons mots. Par exemple, nous disons que nous « produisons » de l'énergie, et que nous en « consommons ». Or en toute rigueur, cela n'est pas vrai. Pourquoi ? Parce que l'énergie est une grandeur qui, pour tout système isolé, se conserve, c'est-à-dire qu'elle reste constante au cours du temps. Cela implique qu'on ne peut pas en créer *ex nihilo*, ni la faire disparaître dans le néant. Les deux seules choses qu'on puisse faire, c'est d'une part transformer une forme d'énergie en une autre forme d'énergie (par exemple de l'énergie mécanique en énergie électrique), d'autre part transférer de l'énergie d'un système à un autre.

Il est très important d'avoir en tête cette contrainte fondamentale de la physique, car elle constitue une limite à l'ingéniosité des chercheurs : on ne pourra jamais produire de l'énergie à partir de rien.

Reste que, peu à peu, nous avons tout de même pris conscience que le monde dans lequel nous vivons, auquel chacun contribue avec ardeur, n'est pas durable. Simple affaire de règle de trois : notre mode de vie n'est indéfiniment extensible ni dans le temps ni dans l'espace, encore moins dans les deux à la fois. De grandes ruptures sont donc prévisibles, à commencer par les bouleversements climatiques induits par l'émission croissante de gaz à effet de serre. Il s'agit sans doute là du défi principal que nous aurons à relever au cours de ce siècle. Et puis le pétrole, l'omniprésent pétrole, le pétrole bon marché, va disparaître dans quelques décennies (les experts ne se disputent plus que sur la durée qui nous sépare de sa fin). En attendant, il deviendra d'autant plus cher qu'il en restera moins.

Cette restriction inexorable de l'or noir constituera un

choc de grande ampleur, pour au moins deux raisons. La première tient à ce que nous ne montrons guère d'empressement à économiser cette forme d'énergie qui représente aujourd'hui près de 40 % de l'énergie primaire consommée dans le monde - l'humanité a consommé autant de pétrole entre 1980 et 2000 qu'entre 1859 et 1980. D'ailleurs, comment pourrions-nous nous en passer ? Cette énergie fossile est si commode d'usage et si facile à transporter que nous en avons usé et abusé, au point d'avoir transformé en une vaste bougeotte frénétique les facilités de déplacement qu'elle nous offre.

La deuxième raison est qu'il sera difficile de remplacer le pétrole *stricto sensu*. Par exemple, par quoi le remplacerons-nous dans le domaine des transports, terrestres ou aériens, pour lesquels il est actuellement quasi irremplaçable ? Les chercheurs, bien sûr sont à la tâche. À court terme, ils cherchent à améliorer les moteurs et les carburants actuels. À plus long terme, ils travaillent sur des carburants alternatifs, sur la voiture électrique et sur ce qu'on appelle la filière hydrogène. L'hydrogène est en effet souvent présenté comme le vecteur énergétique du futur (une sorte d'équivalent de notre électricité), qu'on pourra utiliser soit directement, soit dans des piles à combustibles. Mais le problème - parfois caché dans les études - est que l'hydrogène moléculaire, celui que l'on note H2 dans les livres de chimie... n'existe pas sur Terre ! Il faudra donc le fabriquer, ce qui coûtera... de l'énergie.

Je résumerai le contexte dans lequel se pose le problème général de l'énergie par trois constats, qui semblent aujourd'hui difficiles à contester :

1) Nous vivons l'instant singulier, dans l'histoire de notre espèce, où de toutes parts elle (notre espèce) se heurte aux limites de la planète.

2) Nous transformons notre niche écologique à une échelle et avec une rapidité qui n'ont aucun précédent dans l'histoire de la vie sur terre.

3) Les ressources de la planète sont insuffisantes pour fournir à chaque individu un niveau de consommation égal à celui d'un Français moyen (et encore moins à celui d'un Américain moyen). En effet, 80 gigajoules par personne et par an (consommation annuelle d'un Français moyen), pour six, sept ou dix milliards d'individus et pendant tout le siècle en cours, personne ne sait comment on pourrait réaliser une telle explosion de la consommation, et même si on pouvait le faire, l'atmosphère de la planète ne le supporterait certainement pas.

Si vous me le permettez, avant de donner la parole à Dominique Leglu qui animera notre première table ronde de cette journée, je voudrais juste signaler que les trois constats que je viens d'évoquer n'émanent ni de poètes nostalgiques ou aigris, ni de philosophes technophobes ou systématiquement désespérés, et ne cèdent rien à je ne sais quel « esprit du drame » qui, par besoin de fièvre, chercherait de la catastrophe à se mettre sous la dent. Non, les constats que je viens de rappeler ont été dressés par des scientifiques, par des chercheurs qui tentent d'apprécier au mieux la situation, qui essaient de cerner la véritable nature des enjeux et la hauteur réelle des défis, en se tenant loin de toute prophétie du malheur comme de tout optimisme triomphant. À la vérité, compte tenu des données qu'ils recueillent, il leur est plus facile de tenir leur distance avec l'optimisme triomphant qu'avec le catastrophisme éclairé. C'est d'ailleurs assez clair sur les photos prises lors des sommets internationaux où se discute le futur énergétique de la planète : ces grands rendez-vous n'ont manifestement pas la décontraction joviale des assemblées générales de l'Amicale de la Rillette Joyeuse.

Face à ce problème de l'énergie, qui est un problème planétaire, un problème qui se décline à toutes les échelles, il serait irresponsable de faire comme si de rien n'était en feignant de croire que la recherche résoudra tous les problèmes : les ruptures technologiques, si nous devons les préparer et les rechercher, peuvent-elles constituer notre seule espérance ? La réponse est évidemment négative, car certaines de ces ruptures sont hypothétiques. En la matière, nous ne devons pas trop céder aux dérives utopiques qui nous entraîneraient si loin du problème qu'elles finiraient par nous faire croire soit que ce problème est inexistant, soit qu'il sera résolu du seul fait du temps qui passe. Chacun de nous va donc devoir intégrer la nouvelle donne, la nouvelle donnée, d'abord intellectuellement, puis dans sa façon de vivre. Car des évolutions, peut-être même des révolutions, sont nécessaires, qui ont ceci d'original qu'elles sont infra ou supra-politiques, au sens où elles ne sauraient résulter ni d'un changement des institutions, ni d'une distribution nouvelle des pouvoirs, mais bien d'un changement des modes de vie. À ce titre, elles réclameront un flux d'innovations qui seront à la fois sociales, économiques et techniques.

Deux questions se posent notamment, qui irrigueront le débat que vont avoir nos invités.

En matière de consommation d'énergie, sommes-nous vraiment comme dans un train fou lancé à pleine vitesse sur des rails qui conduisent inexorablement à une « falaise écologique » ?

Comment faire pour que les bouleversements qui vraisemblablement nous attendent résultent d'une démarche volontaire plutôt que d'un processus qui ne nous aura pas demandé notre avis ?

Yves Chauvin

Prix Nobel de Chimie 2005, membre de l'Académie des sciences, Directeur de recherche honoraire à l'Institut français du pétrole

Il est difficile de parler énergie étant donné la masse de documentation qu'on trouve sur le sujet. Je me contenterai de quelques remarques sur l'aspect carbone de l'énergie. Contrairement à ce qu'on dit, il y aura toujours du pétrole, du charbon et du gaz. Simplement, leur prix augmentera progressivement pour atteindre des niveaux qui rendront de plus en plus compétitives les autres formes d'énergie.

Il ne faut donc pas raisonner comme si, un beau matin, votre pompiste allait vous annoncer : « Eh bien, j'ai vendu les derniers cinq litres hier, désolé ! » Il faut se méfier des prévisions car on ne sait pas comment réagira la société au renchérissement des hydrocarbures.

Il faudra, sans doute, modifier les objectifs en fonction des modes de vie. On peut prévoir une évolution très lente des modes de transport. On peut imaginer un retour à des conditions locales d'économie : il y a cinquante ans, lorsqu'on envisageait de construire un

bâtiment, par exemple, on faisait appel à des entreprises locales. Aujourd'hui, on va chercher l'entreprise parfois très loin. Mais il n'est pas certain que cette évolution soit irréversible. Elle est, en tout cas, coûteuse en énergie.
Ainsi je suis toujours surpris de voir sur les marchés des fruits, des légumes, importés de l'autre bout du monde alors que nous pouvons les produire à l'autre bout de nos villes. En ce qui me concerne, je ne les achète jamais. Et un jour, je pense, personne ne les achètera. On pourrait, sur ce point, légiférer.
On peut vivre - et bien vivre - en consommant beaucoup moins d'énergie que nous ne le faisons actuellement. On peut aussi noter que le doublement du prix du pétrole, ces dernières années, n'a eu que peu d'incidence sur la croissance.
La raison en est que les nouvelles technologies sont peu consommatrices d'énergie. Ainsi, les techniques de l'information, qui se sont beaucoup développées et diversifiées au cours des dernières années, consomment très peu d'énergie tout en étant de plus en plus performantes.
On peut, bien sûr, réaliser encore des améliorations importantes sur les performances énergétiques des véhicules et des logements. Les investissements dans ces domaines se traduiront, à terme, par des économies importantes.
Pour autant, je ne pense pas qu'une quelconque forme d'énergie soit en mesure de remplacer les hydrocarbures, du moins au niveau de consommation actuel. La biomasse ne pourra, dans le meilleur des cas, que fournir

environ 20 % de cette consommation. Il ne faut pas oublier que la réalisation de carburant à partir de la biomasse est un processus qui consomme lui-même beaucoup d'énergie.

Et, lorsqu'on fait le bilan de ces énergies, on néglige souvent le coût de la collecte et du transport. Je suis surpris parfois par les programmes qu'on propose pour transformer la biomasse en carburant, d'autant que pareils programmes ne requièrent généralement que peu d'inventivité et qu'on a le temps de voir. Ces programmes sont souvent, à mon sens, de l'argent qui serait mieux placé dans les études scientifiques fondamentales. L'exemple brésilien, souvent cité, n'est pas très probant selon moi. On dit qu'au Brésil on roule à l'éthanol mais une attention plus précise sur les conditions dans lesquelles ces résultats sont obtenus font voir qu'il s'agit souvent de déclarations qui relèvent de la propagande politique et qui se payent de conditions de travail qui ne font pas l'objet de la même publicité.

D'autres invoquent l'hydrogène ou les piles à hydrogène. Mais, là encore, les possibilités sont limitées : dans une pile à hydrogène, il y a énormément de platine. Or, un rapide calcul montre que les ressources en platine de la planète entière permettraient à peine d'équiper 10 % des véhicules actuellement en circulation.

C'est pourquoi je pense que l'évolution vers d'autres formes de consommation sera lente et progressive. C'est pourquoi aussi il convient de ne pas se focaliser sur des objectifs à court terme - comme l'exploitation de la biomasse - mais prendre plutôt le temps de faire évoluer nos modes de vie.

Christian Ngô
Directeur scientifique au Commissariat à l'Énergie atomique, Président de l'association ECRIN

Notre monde est dominé par les combustibles fossiles (pétrole, gaz et charbon) qui représentent environ 85 % de l'énergie primaire consommée sur la planète. Il faut toujours plus d'énergie pour satisfaire les besoins croissants de l'humanité. Ainsi la consommation mondiale est passée de 1 Gtep (1 Gtep = 1 milliard de tonnes équivalent pétrole) en 1900 à 10 Gtep en 2000. Même avec une croissance inférieure, de 2 % par an au cours de ce siècle, il faudrait plus de 70 Gtep en 2100 pour satisfaire nos besoins : c'est insoutenable pour la planète. En effet, à titre de comparaison, les réserves de pétrole conventionnel estimées aujourd'hui ne sont que de l'ordre de 140 Gtep. Cette croissance de la demande a deux origines. La première est l'augmentation de la population mondiale, la seconde l'accroissement du niveau de vie des pays émergents ou en voie de développement.

L'énergie est encore pour le moment abondante et pas chère. Même si le pétrole est à 70 $ le baril, il faut remarquer que l'eau minérale est encore plus chère (de l'ordre de 140 $ le baril pour des eaux minérales standard). Ce pétrole bon marché n'est pas inépuisable. Les experts pensent que l'on devrait bientôt atteindre le maximum de la courbe de production *(peak oil)*. Ce maximum se situerait vers 2010 pour les pessimistes ou vers 2030-2040 pour les optimistes. En tout cas c'est pour demain et nous entrons sans doute durablement dans une période où l'énergie va être chère. Cela ne veut pas dire qu'il n'y aura plus de pétrole dans une cinquantaine d'années ni à la fin du siècle, mais il sera plus cher. Il y a en effet encore d'immenses réserves de pétrole technologique, que ce soit en offshore profond ou ailleurs, dans les schistes bitumineux ou les sables asphaltiques, fabriqué à partir du charbon (dont les réserves sont considérables) du gaz ou de la biomasse. Dans tous les cas, il sera plus cher qu'aujourd'hui.

En 2050, la production de pétrole conventionnel devrait être équivalente à celle d'aujourd'hui alors que les besoins seront 2 à 3 fois supérieurs. Il y aura donc un déficit d'énergie, sans doute de l'ordre de 20 %, si l'on continue à consommer l'énergie avec le même schéma qu'aujourd'hui. Ce déficit ne pourra pas, d'ici 2050, être comblé quantitativement ni par les énergies renouvelables, ni par le nucléaire. Il faut donc évoluer dans la manière dont on utilise l'énergie.

L'énergie primaire est utilisée pour trois usages principaux : l'électricité, la chaleur (ou le froid) et les transports. Sur les 10 Gtep d'énergie primaire, 4 Gtep sont perdus lors des transformations si bien qu'il ne reste que 6 Gtep pour l'utilisateur final. Sur ceux-ci, 1 Gtep correspond à de l'électricité, 2 Gtep sont utilisés dans les transports et 3 Gtep sont associés à de la chaleur ou du froid. On se focalise souvent sur l'électricité alors que c'est le problème le plus facile à résoudre et l'on peut directement produire celle-ci avec pratiquement n'importe quelle source d'énergie (combustibles fossiles, énergie renouvelable, nucléaire). Les transports sont le problème le plus difficile car ils reposent presque exclusivement sur le pétrole. La chaleur est un poste où l'on pourrait gagner beaucoup et c'est en particulier celui sur lequel il faudra jouer pour adapter notre consommation énergétique.

Nous sommes aussi confrontés à deux problèmes :

- L'accroissement de l'effet de serre qui peut conduire à un changement climatique ayant des conséquences négatives pour l'environnement et l'humanité. Or l'utilisation des combustibles libère du CO2 qui est un gaz à effet de serre. Si le gaz naturel en émet 2 fois moins que le charbon pour la même quantité d'électricité produite, les fuites ou pertes de CH4, qui est un gaz 23 fois plus pénalisant vis-à-vis de l'effet de serre que le CO2, augmentent cette contribution.
- Le fait que le pétrole conventionnel va devenir durablement plus cher et progressivement plus rare avec des risques géopolitiques. Au problème des réserves de pétrole et de gaz s'ajoute aussi un problème de manque d'investissement dans ce domaine qui pourrait s'avérer pénalisant dans un avenir proche.

La séquestration du CO2 lors de l'utilisation des combustibles fossiles n'est pas une solution universelle. Elle ne concerne que les installations centralisées mais les procédés diminuent le rendement, augmentent les coûts, demandent de nouvelles technologies de combustion, et nécessitent d'étudier soigneusement les problèmes de sûreté lors du transport et du stockage... Par ailleurs, le nucléaire et les énergies renouvelables demandent à l'État, aux sociétés exploitantes ou aux particuliers de gros investissements même si les coûts de fonctionnement sont par la suite faibles. Ceci est un des freins à leur utilisation massive.

Pour sortir du schéma actuel de la consommation d'énergie qui n'est pas viable à long terme il y a trois pistes :

- La première est l'efficacité, l'économie et la sobriété énergétique, en particulier dans les pays développés. Pour cela éducation, formation et technologie sont indispensables et indissociables.
- La deuxième est une meilleure exploitation de la chaleur, notamment celle à basse température. Des réseaux de chaleur couplés à des pompes à chaleur permettraient en particulier d'exploiter certains rejets thermiques industriels.
- La troisième se situe au niveau des transports avec des véhicules hybrides consommant de moins en moins de pétrole et l'utilisation de biocarburants.

Il est indispensable d'utiliser de manière décentralisée des énergies renouvelables, comme les chauffe-eau solaires par exemple, pour diminuer la consommation en combustibles fossiles. Il ne s'agit pas de remplacer ces derniers qui sont indispensables pour certains usages mais d'en réduire la consommation en utilisant les énergies renouvelables là où elles sont le plus efficaces. Le stockage de l'énergie électrique est le point faible de la filière énergétique. Des progrès notables dans cette direction permettraient de diminuer le nombre de moyens de production en lissant la consommation.

La pompe à chaleur est un amplificateur d'énergie qui permet, à partir de 1 kWh d'électricité, de produire 3 à 4 kWh de chaleur. Elle permet d'utiliser des sources de chaleur à basse température (air, eau ou sol). Les pompes à chaleur, associées à des réseaux de chaleur, pourraient exploiter les « déchets thermiques » produits par l'industrie ou les sources naturelles existant dans la nature. Ainsi, lorsque l'on produit en France 400 TWh d'électricité, on rejette dans l'environnement 800 TWh de chaleur dont on pourrait exploiter une partie. Les pompes à chaleur pouvant être réversibles, on pourrait aussi produire du froid pour la climatisation.

Les transports ont fait d'énormes progrès en termes de pollution. La quantité de polluants émis a presque été divisée par cent en quelques décennies, sauf celle correspondant au CO2 qui est directement lié à la consommation de carburant. Cette dernière a diminué mais pas dans ces proportions. L'optimisation du couple carburant-moteur continue mais d'autres voies vont compléter la diminution de la consommation de pétrole qui représente environ 50 Mt par an en France (il faudrait pour transporter cela 1 700 navires de type Erika ou 217 de type Amoco Cadiz). L'énergie contenue dans le pétrole nécessaire aux transports routiers est de l'ordre de 500 TWh/an. Ceci est à comparer aux 450 TWh/an d'électricité que nous consommons. Le transport aérien représente 60 TWh/an et le maritime 30 TWh/an.

Les biocarburants sont intéressants et surtout ceux de deuxième génération qui sont à l'étude. Ils s'agit de carburants de synthèse issus de la biomasse lignocellulosique (BTL) synthétisés avec un apport extérieur d'énergie et de l'hydrogène. Cela permet de doubler la quantité produite à l'hectare par rapport à la filière classique. Les carburants issus du gaz (GTL) ou du charbon (CTL) joueront un rôle important lorsque le prix du pétrole sera très élevé.

À court et moyen terme il est probable que les véhicules hybrides, associant un moteur à combustion interne et un moteur électrique couplé à une batterie, vont se développer. L'hybride rechargeable, où l'on pourrait recharger une batterie donnant de l'ordre de 30 à 40 km d'autonomie, est une solution d'avenir.

À long terme on peut se poser la question de l'hydrogène et des piles à combustible mais recherche et développement sont encore nécessaires pour aboutir à une solution industrielle qui n'est pas pour demain. Le prix d'une pile à combustible est encore plus de 100 fois supérieur à celui d'un moteur à combustion interne, et la fiabilité, loin du niveau de ce dernier. De plus le catalyseur utilisé actuellement est le platine. Pour équiper toutes les voitures en circulation dans le monde, il faudrait une quantité de platine égale à 280 fois la production mondiale et encore bien plus demain.

Pour fabriquer l'hydrogène sans produire de gaz à effet de serre, il faut utiliser l'énergie nucléaire ou les énergies renouvelables. L'électrolyse de l'eau demanderait environ 450 TWh pour les transports en France. Pour produire cette quantité d'électricité, il faudrait construire 60 réacteurs nucléaires de 1 GWe ou 180 000 éoliennes de 1,5 MW. Sachant que l'on peut synthétiser du pétrole à partir du charbon pour environ 40 $ le baril, on voit que l'hydrogène produit sans émission de gaz à effet de serre est loin d'être compétitif. Son transport et surtout son stockage sont encore des problèmes ouverts pour une distribution à grande échelle.

Terminons par un scénario qui permettrait de ne plus produire de gaz à effet de serre en France pour la production d'électricité (on émet environ 70 g de CO2/kWh à cause des moyens de pointe fonctionnant aux combustibles fossiles, soit 35 Mt/an). Il est basé sur des véhicules hybrides rechargeables pour les transports routiers et sur l'utilisation de biocarburants de deuxième génération. Il permettrait de diviser par 2 les émissions de gaz à effet de serre dues aux transports routiers et par 2 la consommation de pétrole associée. Il faudrait pour cela construire une dizaine de réacteurs nucléaires supplémentaires (ou un « mix » avec des dispositifs d'énergies renouvelables) pour que le dispositif de production électrique (hydraulique + nucléaire + renouvelables) puisse satisfaire les besoins lors des jours de pointe. Il n'y aurait donc plus besoin de centrales à combustibles fossiles. Des véhicules hybrides possédant une batterie rechargeable sur le réseau, leur donnant une autonomie de 30-40 km, permettraient de fournir de l'ordre de 30 % de l'énergie nécessaire aux transports. En cultivant les terres en jachère et une surface égale à ces dernières, on pourrait produire des biocarburants à hauteur de 20 % du bilan global. Au total on diviserait la consommation de pétrole des transports et les émissions de gaz à effet de serre par un facteur 2. De plus, il n'y aurait plus d'émission de CO2 lors de la production d'électricité puisqu'il n'y aurait plus de centrales de pointe à combustibles fossiles.

Dans ce scénario, la pointe, au lieu d'être gérée par des moyens supplémentaires, serait gérée au niveau des véhicules qui devraient utiliser le pétrole de leur réservoir lors des pics de demande d'électricité qui arrivent en hiver quelques jours par an. On passe ainsi d'une gestion centralisée de la pointe à une gestion décentralisée obtenue avec le stockage des réservoirs des véhicules.

En conclusion, il existe des solutions pour consommer moins d'énergie sans pour autant perdre en confort de vie. Celles-ci ne sont pas uniques. Elles dépendent du pays, de la région et de chaque cas considéré. Certaines demandent des investissements importants de la part de la collectivité ou des particuliers, ce qui est un frein à leur développement. La technologie, l'éducation et la formation sont intimement liées et doivent être utilisées conjointement pour aboutir à des résultats notables. Citons quelques pistes pour aller dans ce sens :

- Il s'agit tout d'abord d'économiser l'énergie à tous les niveaux.
- Il faut étendre l'usage de l'électricité, produite sans émission de CO2 (énergies renouvelables, nucléaire, combustibles fossiles avec séquestration du CO2). D'une part pour produire de la chaleur ou du froid en utilisant des pompes à chaleur, d'autre part en développant des véhicules hybrides rechargeables sur le réseau, ou complètement électriques.
- Il faut développer les filières de synthèse de carburants liquides (CTL, GTL, BTL) pour produire une partie des carburants nécessaires aux transports.

Une meilleure maîtrise de l'énergie, qui va devenir de plus en plus chère, n'est pas de la seule responsabilité de l'État. Si ce dernier, par des mesures appropriées, peut favoriser ou diminuer certains usages, le consommateur a un rôle clef dans la maîtrise de l'énergie qu'il consomme. C'est lui qui, par exemple, décide d'aller en avion en vacances dans un pays lointain ou d'utiliser en ville une voiture consommant beaucoup de carburant. S'il n'y avait pas de demande, il n'y aurait pas d'offre associée. La sensibilisation du consommateur à une meilleure maîtrise de l'énergie est donc tout aussi importante que la technologie.

Pierre Delaporte

Président d'Honneur d'EDF

Je vous dis tout de suite que les deux intervenants précédents vous ont trompés. Ils ont manifesté la sérénité des troupes aguerries et le calme des grands scientifiques. Or, le monde de l'énergie est un monde shakespearien, fait de bruit, de fureur, d'affrontements mondiaux entre des intérêts à un niveau colossal, de querelles d'experts, souvent misérables mais toujours acharnées et enfin d'interventions des politiques qui sont, neuf fois sur dix, mal venues et le reste du temps grotesques. À une exception près : le plan Messmer, dressé par la France au soir du premier choc pétrolier.

Pour éviter de tomber dans ces confusions, je crois qu'on peut partir d'une idée très simple et qui, à mon avis, ne peut que faire consensus. Cette idée, c'est que l'énergie la moins polluante, c'est celle qu'on ne consomme pas. Le mégawatt doit certes être recherché mais on ne peut espérer qu'il soit gratuit. Il y a, du reste,

des approches d'économie d'énergie qui sont, en elles-mêmes, coûteuses.
On peut relever quelques mots clés dans ce domaine : politique de l'énergie, tout d'abord - c'est-à-dire : ensemble d'objectifs qu'on se fixe et ensemble de moyens par lesquels on estime pouvoir les atteindre. Maîtrise de l'énergie : et là, c'est presque une évidence, nous devons maîtriser notre consommation d'énergie dans toute la mesure de nos moyens et rechercher l'économie intelligente. Et enfin, l'efficacité énergétique : recherche des moyens par lesquels, en consommant moins d'énergie, on parvient à faire les mêmes choses ou, autre façon de le dire, faire davantage de choses en consommant la même quantité d'énergie.
La question de fond, j'aimerais l'aborder sous la forme de deux éclairages croisés qui peuvent s'enrichir mutuellement. Premièrement, je partirai d'un constat : de part et d'autre de l'Atlantique, les priorités d'action en matière de politique de l'énergie sont assez différentes. Non pas opposées, mais différentes. Pour présenter brièvement ce contraste, on peut dire que les USA construisent leur politique de l'énergie sur deux pôles très forts : la recherche-développement et des mécanismes de marché du type « droit à polluer » qui viennent, récemment, de prouver leur efficacité.
Les Européens, de leur côté, ne négligent aucune de ces deux approches mais ils ont tendance à mettre en avant les règlements, les interdictions et incitations, les décrets et, soit par une approche fiscale de décourage-

ment soit par une approche de prix et d'encouragement, à tenter d'orienter les modes de consommation de façon réfléchie, méthodique.
Qui a tort, qui a raison : impossible de trancher. Il n'y a pas, à ce stade, une approche qui soit meilleure que l'autre. Mais on peut, en revanche, faire intervenir une autre considération. On peut faire remarquer la différence qu'il y a entre le fixe et le mobile. Ce que j'appelle ici le fixe, c'est l'ensemble des appareils consommateurs d'énergie qui n'effectuent pas de déplacement – ou seulement des déplacements faibles ou rares. Le fixe, ce sont par exemple, les ampoules électriques, les frigidaires, les ascenseurs, etc. Le mobile, c'est tout ce qui bouge : voiture, bateau, avion, etc. Il y a une différence très importante entre ces deux types d'appareils. Si la voiture automobile avait fait, en un siècle, les mêmes progrès que l'éclairage électrique, on irait de Paris à Lyon avec un litre d'essence. Il y a une divergence considérable entre le fixe, essentiellement électrique, et le mobile. Dans le fixe, des progrès très importants ont été faits. La consommation des appareils électroménagers est très inférieure à ce qu'elle était il y a vingt ans. Progresser dans cette voie prendra certes du temps, mais on parviendra, c'est évident, à des progrès encore plus notables. Là, la méthode européenne marque un point : il faut inciter, il faut informer, il faut légiférer et on obtiendra des progrès dans l'efficacité énergétique des appareils fixes.
Par contre, en matière de véhicules automobiles, on

n'observe aucun de ces progrès : le véhicule électrifié piétine, l'hybride est, de toute évidence, coûteux (car mettre deux moteurs au lieu d'un sur une voiture coûte évidemment assez cher). Alors que peut-on faire ?

Eh bien, je crois qu'il faut faire un pari fou. Il y a un certain nombre d'années, un fou qui s'appelait J. F. Kennedy, fou qui avait cependant les moyens de sa folie, a déclaré : « avant dix ans un homme marchera sur la Lune », et dans la décennie qui a suivi, un homme a marché sur la Lune. Il faudrait trouver aujourd'hui un autre fou qui dirait : « avant dix ans, le moteur à eau - c'est une façon de parler - sera opérationnel et compétitif ».

Qui peut dire une chose pareille ? Certainement pas la famille Bush qui ne voit pas d'inconvénients à un pétrole à 70 dollars le baril, pas l'Opep, pas la Russie, pas les producteurs. Qu'est-ce qui reste ? L'Europe et/ou le Japon. Voilà un pari européen qui peut se gagner et qui mérite de l'être.

Hervé Jamar

Secrétaire d'État fédéral à la modernisation des finances et à la lutte contre la fraude fiscale, Belgique

J'ai eu à gérer personnellement ce que nous avons appelé, en Belgique comme ailleurs, la crise de l'énergie, la crise du pétrole. Par rapport à cette crise pétrolière, j'ai trouvé, en tant que membre du Conseil des ministres, un gouvernement désemparé. Lorsque le prix du pétrole a augmenté, nous avons pris la décision de redistribuer à toutes les familles l'équivalent de la TVA perçue sur le pétrole. Ça a été une mise en œuvre assez complexe, puisqu'il a fallu obtenir l'accord de la Commission Européenne. Mais nous sommes allés au-delà. Nous avons réuni dans des tables rondes les principaux acteurs de la vie politique - toutes tendances confondues - pour demander : « que faut-il faire ? ».

J'évoquais à l'instant les mesures fiscales. Elles furent coûteuses pour l'État (même si elles représentaient un avantage important pour les individus). Ce ne furent pas les seules décisions. Nous avons également pris une série de mesures pour inciter les communes, les villes, les écoles

- bref, toutes les collectivités - à déposer un dossier exposant la problématique de leurs consommations d'énergie. Le but était d'obtenir un état des lieux précis de la situation de la consommation d'énergie dans notre pays afin de déboucher sur une série de mesures concrètes : construction d'éoliennes, énergie solaire, etc. L'État se propose ici de réaliser les investissements nécessaires - qui n'auront donc pas à être financés par les collectivités - et il se rembourse sur les économies qui seront réalisées dans les quinze ou vingt années à venir. Tout le monde trouve donc son compte dans cette démarche et la politique ainsi mise en œuvre commence à rencontrer un écho de plus en plus favorable dans les collectivités. Cela pourrait représenter, à terme, une économie tout à fait substantielle.

Il convient, je crois, d'évoquer un autre élément qui tient à la spécificité de la Belgique. La sortie du nucléaire est programmée, en Belgique, pour 2015.

En 2003, une loi a été votée, stipulant que toutes les centrales nucléaires âgées de plus de quarante ans seront stoppées. C'est donc une importante source d'énergie qui disparaîtra progressivement et qui doit être compensée. Ce paramètre rend le problème plus épineux encore, même si, c'est vrai, la loi prévoit que le roi (puisqu'en Belgique, nous sommes en monarchie) pourra surseoir à l'exécution de la mesure en cas de crise énergétique majeure.

Mais, je voudrais terminer en évoquant l'importance qu'il y a à mettre en place une politique de l'énergie au niveau

de l'Europe entière. Nous avons pris certaines dispositions, la France en a pris d'autres, les pays du Nord, d'autres encore, et l'Espagne et l'Italie, ont, bien sûr, eux aussi pris des dispositions différentes.
Je pense que l'Europe - les institutions européennes - a ici une mission importante : celle d'introduire un peu de cohérence dans cet ensemble disparate. Les gouvernements doivent être humbles, les politiques doivent être humbles et doivent recevoir des indications claires de la part des scientifiques. De cette façon, nous devrions parvenir, dans les années 2020 à ce qu'au moins 10 % de l'énergie consommée soit d'origine renouvelable.
Je lance donc un appel : les gouvernements sont aptes à prendre des décisions qui iront dans le bon sens, mais celles-ci iront d'autant plus loin qu'elles seront coordonnées entre elles.

Claude Nahon

Directrice de l'Environnement et du Développement durable d'EDF

Je voudrais élargir le monde. J'ai beaucoup entendu parler de la France, de l'Europe, mais - au risque de contredire notre hôte, M. Germon - je voudrais dire que, certes en France on vit mieux aujourd'hui qu'il y a un siècle, mais ce n'est pas vrai dans le monde entier. Je rappelle qu'il y a environ deux milliards de personnes qui vivent avec moins d'un dollar par jour et que c'est tout de même un sujet qu'il faut aborder.

Parmi ces deux milliards, il y en a à peu près un milliard et six cents millions qui n'ont pas accès à l'électricité. Pour ces personnes, il n'y a eu aucune amélioration depuis l'année 2000, date à laquelle on s'était engagé à éradiquer ces problèmes - on ne l'a pas fait.

Le problème que j'évoque là est tout à fait indépendant de celui des pays en développement : la Chine, l'Inde. Ces pays commencent, aujourd'hui, à devenir des pays consommateurs d'énergie bien plus importants (bien qu'il y ait là cinq fois moins de véhicules par centaine d'habitants en moyenne). Il y a donc de nouveaux problèmes qui apparaissent. La Chine et l'Inde vont, dans la décennie qui vient, consacrer un budget sensiblement identique, pour construire des centrales électriques, à celui qui sera consacré par l'Europe et les États-Unis au renouvellement de leurs propres centrales. On est donc, ici, dans les mêmes ordres de grandeur.

Nous devons, je crois, encourager, dans ces pays, l'installation de techniques efficaces et modernes, et non inciter ces pays, comme on le suggère parfois pour écouler du matériel devenu ici obsolète, à utiliser des techniques que nous considérons comme dépassées. Prenons un exemple : le bâtiment dit à « énergie positive » apparaît comme une sorte de « must » technologique qui semble réservé aux pays développés. Mais il serait plus judicieux de faire bénéficier de ces technologies les Indiens et les Chinois qui se trouveront un jour ou l'autre, si nous ne le faisons pas, devant les problèmes auxquels nous sommes nous-mêmes actuellement confrontés.

Je voudrais aussi revenir sur la question soulevée par Yves Chauvin : vers où voulons-nous aller ? En fait, nous voulons aller vers une économie basse en carbone et c'est à cela que se résume l'ensemble des dispositions qui sont prises au nom des économies d'énergie. Notre ambition, aujourd'hui, c'est de nous déplacer vers une économie basse en carbone. Cela signifie que c'est essentiellement à ce facteur que nous devons être attentifs. Réduire le « contenu carbone » de nos activités, tel est l'objectif général.

On y parviendra, en particulier, par des ruptures technologiques : par exemple, si nous savions fabriquer des piles photovoltaïques trente ou cinquante fois moins chères qu'actuellement, nous pourrions envisager leur usage sur une échelle bien plus vaste. Je ne pense pas que ces ruptures puissent se faire sans douleur. Nous avons les moyens de ces changements, mais il va falloir aussi que nous changions nous-mêmes.

Nous pouvons espérer, si nous nous fixons dès maintenant des objectifs précis, être dans une économie basse en carbone dans les années 2050. C'est, bien sûr, en grande partie par l'électricité et par les moyens que nous développons pour l'obtenir que passe l'économie du carbone. En France, c'est un cas très particulier dans le monde, grâce au plan Messmer, nous avons une électricité qui est à 85 % sans CO2. Dans le reste du monde, on est bien loin de cette proportion : 40 % des émissions de gaz carbonique dans l'atmosphère qui sont produites sur l'ensemble de la planète sont liées à la production d'électricité. Avec le développement de la Chine et de l'Inde, cette situation ne va pas s'arranger, car ce sont surtout des centrales à charbon qu'on envisage de construire dans ces pays. Pourquoi ? Parce que nous disposons de réserves considérables de charbon et qu'il est disponible. En Europe, un certain nombre de pays, comme nous l'a rappelé Hervé Jamar, sont en train de sortir du nucléaire - et il faudra bien remplacer cette source d'énergie. De plus, les permis d'émission de CO2 que nous avons mis en place encouragent la construction de centrales au charbon. On peut donc s'attendre à ce que, de ce côté-là, les rejets de carbone dans l'atmosphère aillent plutôt en augmentant.

Il faut donc que nous apprenions à accroître l'efficacité énergétique. Ceci, aussi bien au niveau de la production que de la consommation. Il faut également améliorer l'efficacité des process industriels. Il va falloir développer tous les moyens de production d'électricité qui n'émettent pas de CO2 - d'abord les renouvelables, bien sûr - le solaire thermique n'est pas encore assez développé. Si on prend une maison moyenne, en France, et qu'on envisage ce qui pourrait être atteint avec les meilleures technologies disponibles, on peut montrer que la consommation pourrait diminuer d'environ 50 %. Il faut développer les technologies les plus sophistiquées dans les pays du Sud. Nous construisons actuellement un barrage au Laos. Nous consacrons près de 15 % du budget à l'accompagnement social et environnemental afin d'en faire un véritable objet de développement durable. Cela permettra d'économiser 1 à 2 millions de tonnes de CO2 par an. Et, dans le même temps, cela permettra d'augmenter les revenus énergétiques du Laos de 30 % et fournira de l'énergie à la Thaïlande.
Il faut, bien sûr, maintenir ouverte l'option du nucléaire parce que le nucléaire est un des éléments importants de réduction des émissions de carbone. Il faut également travailler sur la question de la séquestration du carbone. Il faut des systèmes de stockage. Enfin, il faut développer les nouveaux usages de l'électricité comme la pompe à chaleur.
D'une façon générale, il faut promouvoir la recherche et le développement. On disposera ainsi d'outils permettant de faire de l'électricité décarbonée.

Jean-Louis Étienne

Explorateur polaire

Je ne suis spécialiste de rien. Je suis donc à l'aise pour parler de choses complexes. Dans ce qui vient d'être dit, j'ai retenu qu'il était souvent difficile de faire accepter politiquement des solutions qui, pourtant, s'imposent. Mais il sera d'autant plus facile de faire accepter ces solutions que le public aura été « éduqué » sur ces questions. Or, c'est quelque chose de compliqué. En ce qui me concerne, c'est en racontant les histoires de mes voyages que je suis devenu pédagogue et que je me suis aperçu de la difficulté qu'il y avait à faire comprendre aux populations les enjeux des questions que nous débattons. Lorsqu'on me demandait, devant une foule venue pour m'admirer pour mes aventures polaires, « êtes-vous pour ou contre le nucléaire ? », il est évident qu'il était beaucoup plus confortable de répondre : « je suis contre ». On a alors toute la salle avec soi et on ressort tranquillement. Mais je me suis dit, à un certain moment, qu'il fallait que je me fasse ma propre culture sur cette question. C'est

ainsi que lors d'une de mes dernières expéditions au pôle Nord, enfermé dans une capsule pendant trois mois, j'ai pu m'intéresser de façon un peu approfondie à ce problème de l'énergie. Je me suis rendu compte que cela prend du temps de se faire une culture, que cela prend du temps de pouvoir dire, avec de bonnes raisons à l'appui : je suis pour ou je suis contre le nucléaire.
J'ai trouvé des choses : je me suis rendu compte, qu'en fait, nous sommes en train de courir indéfiniment après le soleil : les énergies fossiles, c'est de la photosynthèse emmagasinée. Le fait de s'en servir en deux siècles alors qu'il a fallu plusieurs millions d'années pour l'accumuler pose un problème : on a fini par installer une sorte de double vitrage de gaz carbonique autour de la planète.
L'énergie hydraulique, c'est encore de l'énergie solaire : c'est l'évaporation des océans qui permet la formation des nuages, lesquels sont à l'origine des précipitations qui remplissent les réservoirs. L'éolien, c'est également de l'énergie solaire : les vents proviennent des différences de températures créées à la surface de la planète par l'échauffement différent des régions du globe. On peut donc aborder la question de l'énergie en se disant que l'essentiel de l'énergie que nous consommons provient du soleil.
On en arrive au nucléaire. Là, ce n'est plus du soleil. Cette énergie est basée sur la fission de noyaux lourds et non sur la fusion de noyaux légers (comme c'est le cas pour l'énergie solaire). Il me semble donc qu'avec ce procédé de fission - et avec tout le respect que j'ai pour

tous ceux qui sont impliqués dans le labeur que suppose l'utilisation de ce procédé - on est encore dans la période d'adolescence. D'où les déchets et les dangers d'accidents liés à l'utilisation du nucléaire. Pour sortir de cette adolescence (on revient toujours à notre course au soleil) il va falloir faire de la fusion : recréer le soleil sur terre et le maîtriser.

De cette façon et progressivement, j'explique à la population cette situation transitaire dans laquelle nous sommes, situation dont nous sommes appelés à sortir inévitablement (car les ressources fossiles, si grandes soient-elles, ne sont pas illimitées). Il faut donc que chacun soit conscient de la responsabilité qu'il a dans les consommations mondiales.

Et il y a beaucoup de travail pédagogique à faire. Mais je me rends compte aussi que lorsque les gens comprennent qu'il y a des signes d'alerte inquiétants et qu'il faut, dès à présent, faire très attention, ils agissent de façon plus responsable.

Il y a également des solutions techniques qui sont matière à optimisme - non pas délirant, mais optimisme quand même. Ainsi, par exemple, le voyage le plus économique, c'est le voyage immobile. Mais, actuellement, il faut avoir la conviction d'un militant pour penser que cette forme de voyage sera acceptée facilement par toute une population. Je pense qu'une bonne méthode pédagogique serait d'annoncer, de façon abrupte, à la population : « Dans trois ans, on n'aura plus de pétrole ! » Une annonce forte de ce genre est susceptible de faire comprendre l'urgence qu'il y a à traiter le problème. Il faut provoquer un choc cathartique. Il faut que la masse de la population soit saisie par ce sujet. Ce qui permettra aux hommes politiques d'être plus à l'aise sur les choix à faire. Je comprends donc que la décision « pour ou contre le nucléaire » n'est pas facile lorsqu'on est un homme politique. Mais elle est tellement sous-tendue par une sous-information de la population qu'elle est rendue plus complexe par cette sous-information.

Lorsqu'on m'a appelé pour intervenir à cette table ronde, j'ai noté, de façon inexacte, au téléphone, le titre de la façon suivante : L'homme est l'avenir de la planète - *est*, E.S.T. Cela m'a fait réfléchir : ce S qu'on pourrait mettre entre le E et le T devrait nous inciter à réfléchir sur l'avenir de la planète, au voyage immobile dont l'homme est capable et au rôle qu'il a, lui homme, à jouer dans l'avenir de la planète.

Dominique Leglu
Directrice de la rédaction de Sciences & Avenir

En ce début de XXIe siècle, la question de l'énergie est devenue une préoccupation majeure des décideurs et des citoyens. Avec l'augmentation de la population sur la planète, avec le développement de grands pays comme la Chine et l'Inde, avec les interrogations sur les réserves de pétrole et de gaz, une prise de conscience planétaire des problèmes est indispensable. De graves tensions, voire des affrontements majeurs pourraient en résulter.

La deuxième édition de « Grand Angle sur l'avenir », intitulée « L'homme et l'avenir de la planète », se devait donc de comporter une table ronde consacrée aux problèmes de l'énergie. Présidée par le physicien et écrivain Étienne Klein, elle a réuni Yves Chauvin (prix Nobel de chimie 2005), Christian Ngô (directeur scientifique au CEA), Pierre Delaporte (Président d'honneur d'EDF), Hervé Jamar (secrétaire d'État, adjoint au ministère des Finances de Belgique), Claude Nahon (directrice de l'environnement et du développement durable à EDF), Jean-Louis

Étienne (explorateur), le débat étant animé par Dominique Leglu, directrice de la rédaction de *Sciences et Avenir.*

UNE CONSOMMATION INSOUTENABLE. Pour raisonner au niveau planétaire, il est bon d'avoir en tête quelques chiffres clés, que rappelle Christian Ngô. Si, en 1900, on consommait 1 milliard de tep (tonne équivalent pétrole), en 2000 cette consommation a été multipliée par 10. Et si l'on en croit les économistes, elle pourrait atteindre 70 milliards de tep en 2100. Sur la consommation globale, 40 % sont perdus (fuites, dégradation de l'énergie), 10 % correspondent à la consommation d'électricité, 20 % aux transports, 30 % à la chaleur. Une seule chose est sûre : si rien ne change, le monde va vers une consommation clairement insoutenable. Et comme le précise Étienne Klein : « Les ressources de la planète sont insuffisantes pour fournir à chaque individu un niveau de consommation égal à celui d'un Français moyen (et encore moins à celui d'un Américain moyen) ». Il faut donc trouver des solutions.

LES SOLUTIONS. Dans nos pays développés, déjà très consommateurs d'énergie, il va falloir une évolution des comportements. Selon Yves Chauvin, elle sera lente, notamment en ce qui concerne les transports. Comme l'explique C. Ngô, le problème des transports est difficile car leur fonctionnement est basé sur le pétrole. Les changements dans ce domaine seront pourtant indispensables car, ainsi que le rappelle Claude Nahon, pour l'instant des pays comme la Chine, en plein développement, ne disposent que de 5 fois (voire 10 fois) moins de véhicules par personne que dans les pays occidentaux. On devrait s'acheminer vers des véhicules hybrides (même s'ils sont pour l'instant onéreux), et peut-être des solutions techniques radicalement nouvelles entreront en vigueur. Ainsi, Pierre Delaporte énonce ce pronostic : « Avant dix ans, le moteur à eau sera opérationnel. »

En ce qui concerne l'électricité, pour C. Ngô tout comme pour C. Nahon, il faut encourager et développer les moyens de la produire « sans CO2 ». En d'autres termes, il faut investir dans les énergies renouvelables et le nucléaire.

LA NÉCESSITÉ DE RECHERCHE SCIENTIFIQUE ET TECHNOLOGIQUE. Selon la plupart des spécialistes présents à la table ronde, il faut donc investir dans la recherche et le développement, il faut des « ruptures technologiques » à la hauteur des enjeux. Mais attention, insiste É. Klein, à ne pas nous bercer d'illusions avec des « ruptures hypothétiques ». Il faut surtout rappeler qu'en matière d'énergie «chacun de nous va devoir intégrer la nouvelle donne [nous nous heurtons aux limites de la planète], d'abord intellectuellement, puis dans sa façon de vivre. » Les modes de vie devront évoluer.

Du côté politique, notamment en Europe, pour convaincre le citoyen, il ne faudra pas négliger les incitations fiscales, les règlements, les décrets, etc. Comme le note Hervé Jamar, suite à la montée récente des prix du pétrole, le gouvernement belge insiste plus que jamais auprès des collectivités pour qu'elles déposent des dossiers leur permettant de recevoir des conseils au sujet de leur consommation d'énergie.

LA NÉCESSITÉ D'ÉDUCATION. Pour la compréhension de ces phénomènes complexes dans le domaine de l'énergie, il faut un effort d'éducation, plaide l'explorateur Jean-Louis Étienne. Pour faire passer les messages, prône-t-il, mieux vaut simplifier et constater : en fait, nous ne faisons qu'une chose, « nous courons après le soleil ». C'est grâce à lui que nous disposons d'énergies fossiles, c'est lui qui permet l'évaporation de l'eau qui retombe ensuite et remplit les barrages, c'est son mode énergétique qu'on emploiera dans les centrales nucléaires du futur, à fusion…

Optimiste, il rappelle que « l'homme est l'avenir de la planète ».

II – CLIMAT

Et les changements climatiques : est-il trop tard ?

Philippe Kourilsky
Professeur au Collège de France, membre de l'Académie des sciences, Directeur général honoraire de l'Institut Pasteur

Je ne suis pas climatologue. Je dirai donc simplement quelques mots d'introduction pour donner un cadre de réflexion.

Je pense que les scientifiques éminents qui sont ici établiront un bilan et aussi des projections sur l'évolution du climat. Nous savons bien qu'il y a une très grande inertie du système climatique et donc, que le problème de l'échelle temporelle se pose.

Il y a aussi des problèmes spécifiques liés à la non linéarité des phénomènes climatiques (catastrophes climatiques). Et on pourra peut-être aussi débattre du problème de l'impact sur la santé de ces modifications climatiques.

Le tableau est généralement présenté comme assez pessimiste. Il est à peu près acquis que les ressources en énergies renouvelables sont insuffisantes pour corriger l'orientation qui a été prise en matière de consommation d'énergie et donc aussi pour corriger les bouleversements climatiques qui en résultent ou en résulteront.

De même, le réalisme impose de considérer que le charbon sera utilisé en dépit de son fort potentiel de pollution. La question sera surtout de savoir comment l'utiliser au mieux.

Ces problèmes de climat sont le miroir de l'évolution du monde. Ils posent des questions qui ne sont pas de nature scientifique - problème de gestion de la planète - et je vais simplement rappeler quelques-uns de ces problèmes.

Le premier est un problème d'équité. Il est évident que ces problèmes ne seront pas réglés sans qu'il y ait une certaine redistribution des richesses entre certains pays. Comment imaginer que les pays en développement acceptent de payer les factures les plus lourdes alors que le pays le plus riche du monde - les États-Unis - apparaît comme le pollueur le plus important ? Le problème d'équité est fondamental, à mon sens.

Il y a aussi un problème de partage de visions : il n'y a pas, aujourd'hui, de vision partagée. Et cela pour trois raisons principales : la première, c'est que les solutions proposées au problème que pose l'évolution du climat sont divergentes et multiples. On peut illustrer ce point par les deux attitudes qui ne sont pas antinomiques mais qui, dans les faits, se combattent souvent : l'attitude qui consiste à avoir foi dans le progrès et les nouvelles technologies d'un côté, et celle qui consiste à compter sur des régulations imposées par l'autorité politique de l'autre.

Deuxième aspect : celui des rapports entre le public et le privé. Bien sûr, dès que nous parlons de planète, on pense à des biens publics mondiaux et, dans l'esprit de certains, cela implique que tout ceci relève de la sphère publique, laquelle exclurait la sphère privée.

Je pense que c'est une profonde erreur : les biens publics mondiaux peuvent et doivent être gérés en coordination par le public et le privé. Je pense qu'on ne parviendra pas à résoudre les problèmes que pose l'évolution du climat sans y associer les entreprises et leur potentiel d'action, de recherche et de développement.

Enfin, troisième niveau de réflexion : définir, selon les actions, les acteurs à qui on demandera de les mener. Acteurs locaux ou acteurs planétaires. Quoi qu'il en soit, il y a un problème majeur à ce niveau planétaire puisque les trois acteurs qui doivent intervenir ici ne sont pas parvenus, à ce jour, à coordonner leur action.

Je voudrais conclure en évoquant le rôle de la prise de conscience et de l'éducation dans les problèmes liés au climat. Il serait dommage que ces prises de conscience se fondent uniquement sur des procédés émotionnels - comme les médias savent le faire.

Il est de notre devoir de veiller à ce qu'une certaine rationalité se développe. Celle-ci ne peut se développer qu'à condition de rentrer dans le détail des situations examinées. Si on est trop global, on tombe forcément dans des discours qui sont presque toujours teintés d'idéologie et je pense que ce n'est qu'en allant dans le détail et en documentant un certain nombre de scénarios raisonnables que l'on parviendra à convaincre nos concitoyens de la nécessité d'agir rapidement.

Jean Jouzel

Directeur de l'institut Pierre-Simon Laplace à Versailles, Directeur de recherche au Commissariat à l'Énergie atomique

Qu'ont décidé les politiques en ce qui concerne le climat jusqu'ici ? Eh bien, ils ont déclaré et décidé qu'il était indispensable de stabiliser l'effet de serre : c'est au moment de la convention de Rio en 1992. Tous les pays participants l'ont signée. Pour stabiliser l'effet de serre, il faut stabiliser les émissions de gaz carbonique. Ces émissions représentent, en moyenne, sept milliards de tonnes de carbone par an, soit donc, une tonne par habitant. Moyenne inégalement répartie selon la nationalité des habitants de la planète : cela va de six tonnes aux États-Unis à quelques centaines de kilos dans certains pays. Et si on demande aux économistes de réaliser une projection sur les rejets de gaz carbonique à la fin du siècle, ils expliquent qu'il y aura, selon eux, environ trois fois plus de rejets de gaz carbonique qu'aujourd'hui. Ces données font apparaître d'importantes conséquences : si on veut enrayer l'augmentation de l'effet de serre, il faut faire descendre les rejets de gaz carbonique bien en-dessous du niveau actuel. Si on ne fait rien, on peut s'attendre à une augmentation de la température moyenne de trois à quatre degrés dans le siècle à venir. On fera observer que cela correspond, à peu près, à la différence de température qu'on trouve entre la période glaciaire et interglaciaire. Donc, c'est vrai, en matière de changements climatiques, la planète Terre en a vu d'autres. Mais ce serait lui faire subir en un siècle un processus qui s'est déroulé sur environ 5000 ans.

C'est donc une modification considérable. Il faut bien se rendre compte qu'une variation de seulement deux degrés de la température moyenne correspond à un climat différent. Donc, nous préparons à nos enfants des climats entièrement différents de celui que nous connaissons.

Il faudrait, pour enrayer ce processus, descendre à des niveaux d'émissions en carbone de 2 à 3 milliards de tonnes par an. C'est donc un défi considérable. Et c'est un défi de nos décennies : il faut commencer maintenant pour avoir quelques chances d'aboutir dans un siècle.

Il y a, en France et ailleurs dans le monde, une prise de conscience des politiques. Mais les actions, les décisions qui traduisent cette prise de conscience sont encore insuffisantes. Je pense qu'il ne faut pas uniquement compter, pour prendre ces décisions, sur les générations qui viendront, mais se mettre en marche très rapidement.

CLAUDE LORIUS
Directeur de recherche émérite au Laboratoire de Glaciologie et de Géophysique de l'environnement, membre de l'Académie des Sciences

Glaces et climat : du passé vers le futur

Les glaces des régions polaires ont une relation particulière avec le climat. Tout d'abord, elles sont un indicateur sensible s'étendant comme la banquise avec les froids, et fondant avec les chauds. Mais elles ne sont pas qu'un témoin passif puisque les glaces renvoient vers l'espace 90 % du rayonnement qu'elles reçoivent du soleil. Quand la banquise fond, l'océan, donc la Terre, absorbe plus d'énergie, ce qui amplifie le réchauffement et vice versa lorsqu'elle s'étend avec le froid. À la fois témoin et acteur de l'évolution du climat, les glaces contiennent aussi des archives précieuses : les calottes polaires, Antarctique et Groenland, ont ainsi enregistré l'histoire du climat de notre planète.

S'il existe différentes possibilités pour reconstruire les températures du passé, les glaces polaires contiennent un trésor unique : les bulles d'air piégées au fil du temps sont les seuls témoins de l'évolution de la composition de notre atmosphère. Les forages réalisés au cœur de l'Antarctique jusqu'à plus de 3 000 mètres de profondeur, nous livrent ainsi 800 000 ans d'archives.

La reconstruction des températures confirme ainsi que la succession des chauds et froids qui a marqué le Quaternaire est initiée par les variations de l'insolation liées au mouvement de la Terre autour du Soleil ; les périodes chaudes, comme celle que nous vivons actuellement, se reproduisent environ tous les 100 000 ans. Ces chauds et froids ont une amplitude en moyenne de 5° C ; ils causent des variations du niveau des mers de 120 mètres, dues à la fonte ou à l'expansion des inlandsis.

Ces forages ont aussi montré pour la première fois qu'il existe un lien entre les variations du climat et celles des teneurs en gaz à effet de serre - tels que gaz carbonique et méthane - présents dans notre atmosphère ; un lien qu'avaient suggéré les physiciens il y a plus d'un siècle est enfin prouvé. Ces variations étaient alors, bien sûr, naturelles.

Les données météorologiques montrent que la terre s'est réchauffée d'environ 0,6°C au cours du XXe siècle, et que le niveau des mers est monté de 15 à 20 centimètres. Des données qu'expliquent, au-delà des variations de l'émissivité du soleil ou des poussières d'origine volcanique, les émissions de plus en plus importantes de gaz à effet de serre pour répondre aux besoins alimentaires et énergétiques d'une population mondiale de plus en plus nombreuse. Compte tenu des incertitudes dues à la complexité du système climatique et au choix encore ouvert des sources d'énergie, la hausse des températures serait comprise entre 1,5 et 6 °C à la fin de ce siècle ; ce qui est considérable et aurait des impacts sensibles sur les conditions de vie des humains. Le niveau des mers monterait ainsi de 20 centimètres à 1 mètre ; un chiffre alarmant pour un futur pas si lointain puisque des centaines de millions de personnes vivent à moins de 1 mètre au-dessus du niveau des mers actuel.

Je voudrais conclure sur un autre enseignement de ces travaux qui ont marqué une étape importante dans la prise de conscience du défi majeur pour notre société qu'est devenu le réchauffement climatique. Lorsque nous avons participé, il y a 50 ans, à l'exploration scientifique de la calotte glaciaire antarctique au cours de l'Année Géophysique Internationale, le climat n'était pas à l'ordre du jour. Et bien après, nul ne prévoyait que ces glaces contenaient l'une des clés de la compréhension de son évolution. Sur ce continent difficile d'accès et inhospitalier, il a fallu des années de campagnes sur le terrain en hivernage, raids ou camps d'été, pour mettre au point le « thermomètre isotopique » qui permet de décrypter les températures du passé.

Démontrer que les bulles d'air étaient des échantillons fidèles de notre atmosphère, réaliser les campagnes de forage a pris du temps, un temps durant lequel il a fallu aussi fonder l'aspect théorique et faire de nombreuses analyses. Ce n'est qu'après une longue quête, de près de trois décennies, que ce travail collectif a débouché sur une recherche qui concerne notre société : mieux connaître l'évolution du climat passé et ouvrir des pistes pour appréhender son futur. Je pense que cet exemple, modeste par rapport à tant de découvertes inattendues, est un plaidoyer, à l'heure où la tendance est à la planification, pour que la recherche fondamentale sans objectif d'application immédiate soit préservée.

Les carottages réalisés en Antarctique montrent le lien à l'échelle du globe entre température, niveau des mers et teneur de l'atmosphère en CO^2 ; les teneurs actuelles sont très supérieures à celles que la Terre a connues depuis des centaines de milliers d'années.

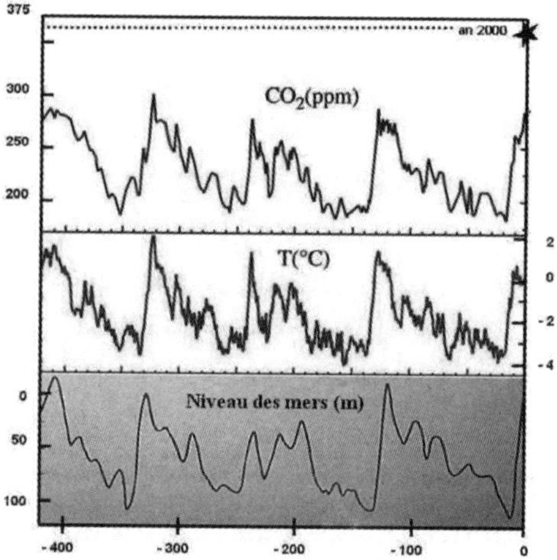

VOSTOK : 400.000 ans d'archives

Pierre-Étienne Bisch

Président de Météo-France

Certaines des missions de Météo-France touchent la climatologie. Cet établissement public se doit, en effet, de développer les moyens suffisants pour que les mesures utiles à l'évaluation de l'évolution du climat soient réalisées et rendues disponibles pour les chercheurs.

Ces mesures permettent de confirmer certaines affirmations en matière de climat. De plus, elles permettent de réaliser des projections pour le siècle à venir, lesquelles viennent confirmer que les activités humaines entraînent un réchauffement de l'atmosphère.

Ces mesures nous permettent de donner un sens précis à des notions souvent floues, comme celle, assez vague, de réchauffement. On peut ainsi montrer que, sur le territoire métropolitain, la température a augmenté d'environ un degré au cours du XXe siècle. Cette valeur étant à comparer à celles de 0.6 °C estimé à l'échelle planétaire. Ce réchauffement moyen est constaté sur tous les mois de l'année, mais il est plus marqué dans le sud du pays. On peut aussi affirmer que ce réchauffement s'est très sensiblement accéléré à la fin du XXe siècle.

Cette évolution s'accompagne d'un accroissement des valeurs extrêmes enregistrées avec, en hiver, des températures plus basses (plus de jours de gel) et en été des températures plus hautes (canicule de 2003, par exemple). Voilà ce qu'on peut dire sur les températures.

Sur la question des précipitations, on peut remarquer qu'elles ont augmenté en hiver et diminué en été au cours des cinquante dernières années, que le nombre moyen de jours de neige a diminué en moyenne montagne, que la durée moyenne des périodes de pluies intenses a augmenté en hiver. Comme celle des sécheresses en été. Le recul des glaciers alpins et la date de début des vendanges sont deux marqueurs bien connus de cette évolution mais qu'on peut confirmer par des mesures objectives.

En revanche, aucune tendance n'est actuellement décelable sur le nombre et l'intensité des tempêtes ou sur le nombre des épisodes de pluie diluvienne.

De même, on ne peut affirmer que la fréquence des cyclones aurait augmenté dans les territoires d'outre-mer. Ainsi se dessine une image de plus en plus nette : les tendances planétaires se retrouvent au niveau de notre parcelle de territoire mais il faut garder une grande prudence en ce qui concerne l'interprétation des phénomènes extrêmes, même si ce sont eux qui sont les plus frappants.

Pour ce qui concerne les projections faites sur le siècle en cours, qui sont fondées sur une régionalisation des données globales, ce que l'on peut montrer c'est que, pour les cinquante prochaines années les températures augmenteront de 2 à 2,5 degrés si on se place dans l'hypothèse d'une politique volontariste en matière de climat et entre 3 à 3,5 degrés sans cette hypothèse.

Ce sont des chiffres considérables. Cette augmentation sera plus marquée en été et en automne. Les canicules seront plus fréquentes, plus longues, plus intenses, jusqu'à atteindre 40 jours, et un été sur deux sera au moins aussi chaud que l'été 2003. Pour l'hiver, les pluies prévues sont plus intenses et on constate un recul de l'enneigement.

Voilà les quelques éléments que je pouvais fournir pour résumer les travaux qui sont faits, à Météo-France, dans ce domaine. Je considère, comme mes prédécesseurs, que ce travail doit être fait en s'appuyant sur les connaissances scientifiques et qu'il a pour but de mettre à la disposition des scientifiques des outils fiables pour prendre les décisions qu'ils ont à prendre.

Dans ce domaine, comme dans d'autres, le champ de la manipulation est facile. L'émotion populaire est disponible pour recevoir de multiples inquiétudes. Notre responsabilité est donc grande. Nous ne devons pas abandonner ce champ au jeu aveugle des passions. Notre mission est de produire des travaux qui éclairent les enjeux de ces problèmes avec des données rigoureusement analysées. De cette manière nous ferons un travail qui va dans le bon sens.

MARIE-LISE CHANIN
Directeur de recherche émérite au CNRS

Je vais parler du changement de composition de l'atmosphère et de l'influence que ce changement peut avoir sur le climat. On a mentionné déjà qu'il n'y a pas que le CO2 qui entraîne une modification de la composition de l'atmosphère. Il y a aussi le méthane, les oxydes d'azote, les chlorofluorocarbones, gaz qui ne sont pas inertes, comme le CO2, mais qui jouent un rôle dans la chimie de l'atmosphère. Ils jouent surtout un rôle dans la stratosphère (au-dessus de 10 000 mètres) dont on a beaucoup entendu parler à cause de la diminution d'ozone et de ce que l'on a appelé le « trou d'ozone ». Je vais aborder ce problème du trou de la couche d'ozone qui est, en lui-même, un problème séparé du problème climatique mais dont je montrerai qu'il a, avec lui, d'importantes connexions.

On se souvient des craintes, nées dans les années 1970, sur les risques que faisaient courir les oxydes d'azote émis par les supersoniques pour l'intégrité de la couche d'ozone. Quelques années plus tard, c'étaient les chlorofluorocarbones, les fameux CFC, le fréon de nos réfrigérateurs qui soulevait l'inquiétude puisque le chlore qui est contenu dans ces molécules, menaçait également la couche d'ozone. Mais, à ce moment-là, les scientifiques pensaient que cela n'entraînerait qu'une diminution de quelques pour-cent de l'ozone, et encore, dans la haute stratosphère uniquement. Or, en 1987, grosse surprise, on découvre un trou d'ozone au-dessus de l'Antarctique, beaucoup plus considérable qu'on ne l'imaginait puisqu'il détruit, dans cette région, presque la moitié de l'ozone total au printemps.

Donc, malgré tous les efforts de recherche qui avaient pu être faits, on n'avait pas anticipé ces effets. Que s'était-il passé ? Les scientifiques avaient oublié ou n'avaient pas tenu compte d'un certain type de réaction sur des cristaux de glace qui, dans les régions froides, se trouvent dans la situation de détruire l'ozone - d'où le fait qu'on ne rencontre ces effets que dans des régions polaires où on s'attendait le moins à les trouver, c'est-à-dire, dans des régions où il n'y a pas de développement industriel.

C'est le premier exemple d'un effet environnemental qui a immédiatement donné lieu à des décisions politiques. En ce sens, c'est un exemple très important pour le problème climatique. À la fin des années 1970, des décisions visant à trouver les moyens d'arrêter la production des substances nuisibles à la couche d'ozone étaient prises. Mais ce n'est qu'après la découverte du trou de la couche d'ozone que la production de ces espèces a commencé à être interdite en application du protocole de Montréal qui avait été signé par un nombre suffisant de pays pour que son application ait une efficacité au niveau planétaire.

Cela a pris cependant du temps. On retrouve là le problème de la grande inertie qui caractérise ces questions : toute décision, même prise assez tôt après la découverte d'un phénomène, met du temps à avoir des effets appréciables : il y a vingt ans que le protocole de Montréal a été signé et on commence seulement maintenant à voir un ralentissement dans la diminution de l'ozone et un début de récupération - mais on s'attend cependant à ce que le trou d'ozone au-dessus de l'Antarctique soit encore présent pendant les cinquante prochaines années. Donc, une forte inertie du système qui doit nous alerter sur l'importance qu'il y a à prendre des décisions rapidement. Pour ce qui concerne le CO2 on sait déjà qu'il s'agira de siècles et même de millénaires.

Conséquence de l'activité humaine, la combinaison de l'augmentation des gaz à effet de serre et de la diminution de la couche d'ozone a entraîné un effet de refroidissement de la stratosphère. On a parlé auparavant d'un réchauffement de l'atmosphère de l'ordre de 0,6 degré par siècle. Mais il s'agissait alors de la basse atmosphère. Dans la stratosphère, on observe au contraire un refroidissement et même plus important proportionnellement : de 0,6 degré par décennie (dix fois plus important, donc) et même de 2 degrés dans la haute stratosphère. Et ce refroidissement peut avoir une conséquence immédiate sur la récupération de l'ozone : celle de ralentir encore le phénomène de récupération - certains pensent même qu'on ne reviendra jamais à la situation antérieure.

Un autre effet difficilement prévisible provient des dispositions mêmes du protocole de Montréal. Celui-ci préconisait de remplacer les CFC par des produits de substitution. Or, on s'est aperçu que certains de ces substituts étaient de puissants gaz à effet de serre. On est donc obligé de faire très attention au choix de ces substituts qui sont certes choisis, à l'origine, parce qu'ils n'attaquent pas l'ozone, mais qui doivent aussi être sélectionnés pour ne pas ajouter leur contribution à l'effet de serre.

De même, on a découvert que certains des gaz initialement employés comme substituts des CFC contenaient du brome, dont on s'est aperçu plus tard, qu'il était soixante fois plus efficace pour détruire l'ozone que ne l'est le chlore.

Comment expliquer qu'on ne se soit pas aperçu plus rapidement du danger que présentaient ces différentes espèces ? La réponse à cette question est simple : elles sont sans danger au niveau du sol et stables. Mais dès qu'ils montent dans l'atmosphère, le flux ultraviolet les casse et c'est alors qu'elles libèrent les atomes de chlore et de brome et deviennent dangereuses.

Autre point important montrant qu'on ne peut pas ignorer ce qui se passe dans la stratosphère lorsqu'on parle du climat : on vient de montrer que c'est le comportement de la stratosphère qui explique, pour une grande part, la pénétration de l'influence solaire sur le climat. Il y a, on le sait, des fluctuations périodiques de l'activité solaire - cycles de onze ans, ou plus longs comme celui qui a entraîné le petit âge glaciaire - et les climatologues aimeraient pouvoir modéliser ces fluctuations : cela permettrait notamment de distinguer ce qui est d'origine humaine de ce qui est d'origine naturelle dans l'évolution climatique. Or, il semble que la variation de l'ozone sous l'effet du flux ultraviolet entraîne un changement de température dans la stratosphère qui, lui-même, génère un changement de circulation qui se transmet à la troposphère (la partie météorologique de l'atmosphère). Ces changements de circulation pourraient expliquer en tout ou en partie l'influence de petites variations solaires sur le climat.

On a donc, de plus en plus, tendance à penser qu'on ne peut rendre compte des changements climatiques à partir de la seule troposphère et qu'il faut inclure les modifications de la stratosphère dans les modèles de l'évolution du climat si on veut rendre compte, de façon satisfaisante, de son évolution.

Michèle Pappalardo

Présidente de l'Agence de l'environnement et de la maîtrise de l'énergie (Ademe)

Je ne suis pas scientifique. J'essaie de voir comment on peut utiliser les informations que les scientifiques nous donnent.

Avec le changement climatique, on est devant un phénomène dont on est maintenant assurés. Tous les scientifiques le confirment. Mais on ne sait pas dire, précisément ce qui va nous arriver demain comme conséquence de l'évolution de ce climat. On ne sait pas dire réellement quelle sera la conséquence précise et localisée de cette modification climatique. C'est donc un peu difficile pour la prise de conscience et pour l'action.

Seconde caractéristique : il s'agit d'un phénomène global dont les causes se trouvent dans les habitudes de chacun d'entre nous et, pour le résoudre, il faut aussi que chacun d'entre nous fasse quelque chose pour que globalement l'action d'ensemble aboutisse à l'effet recherché.

Troisième caractéristique : on peut être à peu près sûr qu'on ne verra pas nous-mêmes les résultats de cette évolution. Là, on fait des projections sur un phénomène mal connu sans savoir si nos actions seront véritablement efficaces. Bref, tout cela n'est pas très motivant lorsqu'il s'agit de définir des actions.

Il faut, bien sûr, continuer. Il y a des éléments positifs : on sait un peu ce qu'il y a à faire. On sait, par exemple, construire des bâtiments à « énergie positive » qui fabriquent de l'énergie davantage qu'ils n'en consomment. On sait aussi qu'en cherchant on pourrait multiplier les solutions de ce genre. Beaucoup de secteurs et d'acteurs économiques auront à être sollicités pour mettre en œuvre ces solutions, y compris d'ailleurs le grand public, puisque la moitié des productions de gaz à effet de serre proviennent des utilisateurs finaux.

Et puis, il est important de mobiliser tous les outils de politique économique et aussi, bien sûr, la recherche fondamentale. On fait déjà un certain nombre de choses, il faut aller plus loin et il va falloir les appliquer aux pays en voie de développement. Il faut aussi continuer les réglementations et les incitations financières et fiscales, puis, dernier point : il faut convaincre. Si on ne dispose pas d'une politique d'explication, de justification des orientations prises, on n'avancera pas beaucoup. C'est ce que nous essayons de faire avec les campagnes que nous organisons : responsabiliser sans culpabiliser, c'est-à-dire, en expliquant ce que nous pouvons faire et les limites de nos connaissances dans ce domaine, chacun à notre niveau.

Il faut convaincre chacun de l'importance qu'il y a pour

tous à changer de véhicule, à changer de manière de se chauffer, etc. Et cela suppose des changements de comportements et donc des explications, de la pédagogie. Il n'y aura pas de changements réels dans l'utilisation de nouvelles technologies si on n'est pas d'abord parvenu à convaincre chacun de l'importance de ces changements. On a une chance, actuellement, dans ce travail de pédagogie, c'est l'augmentation du coût de l'énergie !

Christian Gollier
Professeur d'économie à l'Université de Toulouse et à l'École polytechnique

L'augmentation de la concentration de CO2 dans l'atmosphère et son impact sur le climat et sur l'avenir de l'homme posent la question de ce que nous, générations actuelles, devrions faire pour améliorer le bien-être des générations futures. L'absence de consensus autant au niveau international - le refus de l'administration Bush de signer Kyoto - qu'au niveau national - ne pas augmenter le coût de l'essence à la pompe - nous rappelle la nécessité d'établir une méthode en vue de déterminer, par exemple, le niveau de réduction des émissions de CO2 socialement optimal. Deux dimensions devraient être prises en compte dans ce processus : le temps et le risque.

Nos ressources sont rares et nos besoins pratiquement infinis. L'art de la décision, autant au niveau individuel que collectif, consiste à établir des priorités dans nos besoins et à n'assouvir que ceux pour lesquels les bénéfices l'emportent sur les coûts. Ainsi par exemple, il existe un nombre considérable de projets améliorant le bien-être des générations futures : augmentation du capital physique et des infrastructures (tunnel Lyon-Turin), éradication de la tuberculose, amélioration du système éducatif, préservation des ressources naturelles, lutte contre le réchauffement, investissement dans la recherche (santé, énergie, agriculture)...

De toute évidence, il est impossible de réaliser simultanément tous ces projets. En conséquence, on est en droit de se poser la question de savoir si la lutte contre l'effet de serre doit faire partie de nos priorités collectives.

Une raison évidente milite contre cette primauté du risque climatique dans la liste des priorités de politiques publiques. En effet, les coûts de ces politiques (réduction des émissions, investissements dans le nucléaire, etc.) sont immédiats, alors que les bénéfices en termes de réduction des dommages sont étalés sur des durées extrêmement longues. Actualisés à 8 %, taux recommandé par le Commissariat général au Plan qui dépend du Premier ministre, ces bénéfices sont faibles.

Ainsi, un dommage de 1 million d'euros dans 200 ans ne vaut pas plus que 20 centimes, c'est-à-dire qu'il ne faudrait pas accepter de dépenser plus de 20 centimes aujourd'hui pour éliminer un dommage de 1 million d'euros dans 200 ans. Pourquoi actualiser les bénéfices futurs ? Parce qu'une solution alternative à la promotion des générations futures consiste à investir ces 20 centimes dans le capital légué aux générations futures. Si le rendement du capital est supérieur à 8 %, les générations vivant dans 200 ans obtiendront alors un bénéfice supérieur à 1 million. L'arbitrage entre les deux stratégies est alors évident.

Néanmoins, cette justification de l'actualisation sur la base d'un raisonnement d'arbitrage repose sur l'hypothèse hautement discutable d'un rendement du capital de 8 % pendant les 200 prochaines années. Certains courants de pensée proposent au contraire d'utiliser un taux d'actualisation nul, de manière à exiger que les générations actuelles acceptent de dépenser jusqu'à 1 euro pour éliminer un dommage de 1 euro quelle que soit la date à laquelle ce dommage se produirait. Cette solution ferait exploser le nombre de projets d'investissement à réaliser. Il n'est pas évident que cette solution soit compatible avec l'équité intergénérationnelle.

En effet, en extrapolant un taux de croissance du PIB par habitant de 2 % par an, le niveau de vie dans 200 ans sera 52 fois supérieur à celui qui prévaut aujourd'hui. De toute évidence, un euro supplémentaire offert dans 200 ans générera une augmentation de bien-être largement inférieure à celle obtenue en offrant cet euro supplémentaire aux générations actuelles, exactement comme un euro ajouté aux revenus de Bill Gates augmentera le bonheur de Bill bien moins que si cet euro était donné à un habitant des bidonvilles de Calcutta. Dans une perspective intertemporelle, les générations actuelles sont les désespérés de Calcutta et les générations futures sont nos Bill Gates. Dans un sens donc, l'idéal serait alors que nos futurs Bill Gates fassent un effort pour nous plutôt que l'inverse. D'où un taux d'actualisation positif, qui ne nous impose d'investir pour l'avenir que dans les projets dont la rentabilité excède ce taux.

Mais un taux de 8 % est largement excessif. Pour le démontrer, et partant du principe qu'il ne faudrait pas faire à nos descendants ce que nous n'aimerions pas faire à nous-même, observons les efforts que les ménages sont prêts à faire pour améliorer leur avenir lorsqu'ils anticipent une croissance de leur revenus de 2 %, comme nous l'avons supposé plus tôt. Les données disponibles à ce sujet semblent indiquer que les ménages n'acceptent d'accroître leur épargne, c'est-à-dire sacrifient le présent pour l'avenir, que si cette épargne rapporte au moins 4 % en réel. Sous mon impulsion, le Commissariat général au Plan a décidé l'an dernier d'abaisser effectivement le taux d'actualisation de 8 à 4 %.

Malgré cette baisse, qui aligne la France sur les autres pays développés, à ce sujet, il semble que nos efforts de réduction des émissions de CO2 ne génèrent pas globalement une rentabilité de 4 %, ce qui semble les exclure de nos priorités collectives. C'est pourquoi le « consensus de Copenhague », issu d'un club de Prix Nobel d'économie, a fait passer la lutte contre la malaria, les problèmes de nutrition et d'eau potable dans les pays en développement loin devant l'effet de serre dans l'ordre des urgences.

Mais la décision de l'administration Bush de ne pas mettre en œuvre les accords de Kyoto a plus à voir avec le manque de certitudes scientifiques qu'avec la distance temporelle des bénéfices. Cela pose une fois de plus le

problème de la gestion publique des risques.
Face à un risque mal défini, faut-il agir avant de savoir, comme le suggèrent les Européens et leur principe de précaution, ou savoir avant d'agir, comme le pense le président des États-Unis ? Attendre 10 ans supplémentaires avant d'agir permettrait d'éviter de réduire nos émissions de gaz à effet de serre inutilement s'il devait s'avérer que les experts les plus optimistes ont raison. Dans le cas contraire, ce serait autant d'années perdues, et autant d'efforts en plus à fournir pour les générations futures !
Beaucoup veulent lire dans le principe de précaution une philosophie du « catastrophisme éclairé » qui voudrait que l'on considère systématiquement le scénario le plus catastrophique comme le plus probable. Si cette interprétation du principe de précaution devait triompher, nous devrions rentrer dans un nouvel âge d'obscurantisme et d'immobilisme. Tout mouvement, toute innovation, a sa part d'incertitude, et il y aura toujours un « expert » pour présenter un scénario extrême qui l'exclura, quelle que soit la vraisemblance d'un tel scénario. Le risque zéro, forme extrême du principe de précaution, tuera les générations futures autant que l'absence de régulation publique des risques.
Ce qui doit gouverner les règles de gestion publique des risques, c'est le bien-être des individus qui portent ces risques. Force est de constater que ceux-là ne se comportent pas selon le catastrophisme éclairé que certains voudraient leur imposer. Par exemple, en 1996, quand ils ont découvert l'incertitude scientifique d'une possible forme

humaine de la maladie de la vache folle, ils ont réduit leur consommation de bœuf de seulement 10 %. Sans doute ont-ils considéré que le bénéfice de cette consommation excédait le coût du risque qu'elle induisait. Si un organisme public devait se substituer aux citoyens pour déterminer les risques acceptables, il serait donc bien inspiré de conduire ce type d'analyse « coût-bénéfice » sur la base de l'ensemble des connaissances scientifiques disponibles. Il y a quelque chose d'insoutenable à ne pas suivre l'approche coût-bénéfice. Récemment, le gouvernement a choisi de mettre en œuvre un nouveau test de dépistage pour la transfusion sanguine. Probablement tétanisé par le scandale du sang contaminé, il a choisi la précaution extrême. Selon les experts, le coût par année de vie de cet effort est de 60 000 euros. Par contre, l'intensification de la campagne de lutte contre le tabagisme par le réseau de médecins généralistes coûterait environ 400 euros par année de vie gagnée. En conséquence, le simple transfert de 60.000 euros d'un poste du ministère de la santé vers l'autre permettrait de gagner 149 années de vie : un scandale du sang contaminé à l'envers ! L'abus de précaution peut nuire à notre santé. Exigeons de l'État une gestion des risques transparente basée sur la comparaison des coûts et des bénéfices de chacune de ses actions de prévention. En particulier, demandons-lui de tenir compte des coûts et d'attendre avant d'agir. C'est sur ce principe qu'il nous faudra choisir notre futur énergétique, la réduction de nos émissions de dioxyde de carbone ou notre politique sanitaire, pour ne citer que quelques exemples.

Jordi Pujol i Soley

Ancien Président du Gouvernement autonome de la Catalogne, Président du Centre d'Estudis Jordi Pujol

Je ne suis pas un expert. Je ne suis qu'un homme politique - enfin, je l'ai été.

Il y a un réchauffement de la planète et l'activité humaine en est, en partie, responsable. On oublie parfois de dire, lorsqu'on parle de ce réchauffement, que s'il est vrai qu'il a fait fondre certains glaciers des Alpes, il n'est pas moins vrai que cette fonte a fait apparaître des chemins qu'on utilisait au Moyen Âge, preuve qu'à cette époque la température n'était pas tellement plus basse qu'aujourd'hui. Et il y a beaucoup d'exemples de ce genre. Donc, il y a des réchauffements de l'atmosphère qui sont d'origine naturelle. Mais il apparaît néanmoins évident que les activités humaines ont une part de responsabilité importante dans les réchauffements récents de l'atmosphère. Et, sur ces activités, nous pouvons agir. On ne peut agir sur les volcans, par exemple, mais on peut agir sur nos activités.

Je dois reconnaître que nous, politiques, nous avons parfois été un peu sceptiques vis-à-vis de certaines des prédictions des scientifiques. Certaines se sont d'ailleurs révélées erronées. Parfois, nous nous félicitons, après-coup, de ne pas avoir écouté les experts et de n'avoir pas suivi leurs conseils.

Un autre point qui me paraît difficilement contestable, c'est que nous vivons dans des sociétés de l'énergie. Il y a peu de chances que nous parvenions à changer cela car cela supposerait que la société devienne entièrement différente de ce qu'elle est. Cela supposerait que les besoins, les aspirations et le modèle prôné par nos sociétés soient entièrement changés. Il faudrait une mutation complète.

Sur ce point, je crois qu'on peut citer le constat que faisait récemment Hubert Védrine : le drame est qu'il y a une contradiction entre l'évolution du climat et le fait que nous, Occidentaux, nous ne voulons pas renoncer à nos modes de vie. C'est même tout le contraire : on ne se réjouit que lorsqu'on apprend que les économistes prévoient une croissance pour les années à venir.

Alors, que faut-il faire ? La probabilité d'aller vers une situation difficile n'est pas nulle. Il faut, bien sûr, promouvoir les recherches universitaires sur le climat : mais cela, c'est une action à très longue échéance. Il faut donc faire aussi d'autres choses. Promouvoir les énergies alternatives (le solaire, l'éolien), c'est une très bonne chose et il faut y travailler. Il faut cependant s'attendre à voir s'élever certaines protestations. Ceux qui ont voulu investir dans l'énergie éolienne l'ont appris parfois à leurs dépens : on leur a reproché de détruire le paysage. Celui qui vous

parle, qui n'est plus un homme politique mais qui a tout de même les réflexes de l'homme politique, sait que toute innovation, même quand elle répond aux problèmes les plus urgents, rencontre des oppositions. Il serait d'ailleurs très difficile de fournir l'énergie que nous consommons actuellement en utilisant uniquement des sources alternatives ! Mais il faut néanmoins y travailler.
Il y a d'autres possibilités qu'il faut étudier : la capture et le stockage du dioxyde de carbone. Il faut travailler dans toutes ces directions.
Est-il trop tard pour réagir, comme certains le suggèrent ? Je ne sais pas. Mais il est temps, en tout cas.
J'apprends que Tony Blair, le Premier Ministre britannique, a déclaré ce matin que le temps du « tout pétrole » était terminé pour la Grande-Bretagne, que le pays allait recourir au nucléaire. Eh bien, je ne sais pas si c'est la bonne décision, mais il est certain que ce sont des décisions comme celle-là qu'il faut prendre. Même chose au Brésil, où on mise sur l'éthanol. Tout ceci est possible et discutable à la fois. Mais, ce que je sais, c'est qu'il faut prendre des décisions.

ÉRIC REVEL
Rédacteur en chef à LCI

Quel climat, pour quel monde ? Plus que jamais la question sur l'évolution du climat s'est invitée dans tous les débats politiques. Le développement économique accéléré n'est pas qu'une source de progrès. La détérioration de notre environnement doit nous interpeller. La puissance de l'économie américaine ne peut sans doute tolérer de mettre en œuvre les accords de Kyoto.

Que vaut le développement économique si le progrès social s'accompagne d'un effondrement des conditions climatiques ?

Christian Gollier, professeur d'économie à l'École polytechnique, l'a dit au début de son exposé : « l'augmentation de la concentration de CO2 dans l'atmosphère et son impact sur le climat et sur l'avenir de l'homme, posent la question de ce que nous, générations actuelles, devrions faire pour améliorer le bien-être des générations futures ».

Oui, l'évolution du climat mondial doit devenir une donnée première de la croissance économique, même si le

Président de Météo-France rappelait lors du débat qu'« aucune tendance n'est actuellement décelable sur le nombre et l'intensité des tempêtes ou sur le nombre des épisodes de pluie diluvienne ».

Pourtant le débat est bien là. Il devient présidentiel avant les échéances de 2007. Voilà pourquoi Jean Jouzel, Directeur de l'Institut de Pierre-Simon Laplace posa, d'entrée, la question franco-française : « Qu'ont décidé les politiques en ce qui concerne le climat jusqu'ici ? »

L'ancien Président du gouvernement autonome de la Catalogne, Jordi Pujol I Soley, répondit, sans langue de bois : « nous vivons dans des sociétés d'énergie. Il y a peu de chances que nous parvenions à changer cela car cela supposerait que la société devienne entièrement différente de ce qu'elle est. Cela supposerait que les besoins, les aspirations et le modèle prôné par nos sociétés soient entièrement changés. Il faudrait une mutation complète. »

Tout est dit. Renoncer au confort et aux facilités de nos sociétés développées au nom d'une protection de l'environnement.

Tout le débat entre progrès technique et préservation du climat se résume aussi dans ce type de phrase.

Oui, « ces problèmes de climat sont le miroir de l'évolution du monde », glissa Philippe Kourilsky, Directeur général de l'Institut Pasteur.

Car la question de l'évolution du climat pose en réalité celle toute simple mais tellement essentielle : de quel monde voulons-nous pour nos enfants ?

III – Biodiversité

Faut-il craindre pour la diversité du vivant ?

JEAN-DIDIER VINCENT

Directeur honoraire de l'Institut de neurobiologie Alfred-Fessard - CNRS, membre de l'Académie des sciences et membre de l'Académie nationale de Médecine

L'homme, bien sûr, n'en déplaise à l'Église qui veut qu'il soit à l'image de Dieu, est d'abord un animal. Mais c'est un animal qui possède, à un degré bien plus élevé que d'autres bêtes, le sens et le besoin de l'autre, le besoin des autres.

L'homme au singulier n'existe pas : voilà une espèce dans laquelle il n'y a pas de singulier. Si vous élevez un homme tout seul, son environnement fût-il le plus beau que l'on puisse concevoir, il ne deviendra jamais un homme. Kant a dit que l'homme naît deux fois : une première de façon naturelle, une seconde fois par l'éducation.

Un homme donc, ça se fabrique et ça se fabrique grâce à l'autre. Cette faculté que j'appelle faculté de compassion - j'ai, en effet, une propension à privilégier l'affectif sur le cognitif ; car sur ce dernier point, les animaux, chacun dans leur domaine, sont fort bien équipés. L'homme a donc cette capacité de compassion, c'est-à-dire la capacité de comprendre l'autre comme il a celle d'être compris par l'autre. C'est ce que Rousseau appelle la pénétration réciproque. Cette pénétration de l'autre lui donne aussi la capacité de découvrir le sens de la vie. Il comprend, et ceci, de naissance, ce qu'est la vie. L'homme sait d'instinct où se trouve la vie. Il suffit de voir un canard de Lorentz suivre une boite de conserve qu'il prend pour sa mère pour comprendre que l'animal est dupe de l'artéfact. L'homme, lui, sait où est la vie.

Cette capacité de comprendre l'autre s'étend d'ailleurs à tout ce qui est vivant. L'homme éprouve un respect spontané pour tout ce qui vit et il le doit à sa faculté de pénétration, de compréhension de ce qu'est la vie. Il a ainsi un lien affectif intense avec les créatures vivantes : il les étudie, il les cultive, il les classe, il s'en protège, il les détruit aussi et il s'en nourrit.

Ce lien n'a jamais été aussi bien exprimé, à mon avis, que dans le *Cantique des créatures* : « Loué sois-tu, Mon Seigneur, pour l'air et le ciel pur et tous les temps pour lesquels à tes créatures tu donnes soutien. Loué sois-tu, Mon Seigneur, pour sœur eau qui est très utile et humble et précieuse et chaste. Loué sois-tu, Mon Seigneur, pour frère feu avec lequel tu illumines la nuit. Il est beau et joyeux et robuste et fort. Loué sois-tu, Mon Seigneur, pour sœur terre, notre mère, qui nous soutient et nous nourrit et produit divers fruits avec les fleurs et mille couleurs et l'herbe. » Connaissez-vous meilleure définition de la biodiversité ?

J'avais prévu de parler dans cette introduction de biodiversité. J'avais prévu de dire deux ou trois choses sur cette peau qui entoure la terre et qui est sa partie vivante semblable à un tissu qui l'enveloppe. Vous avez tous eu un tricot ou une écharpe - et donc vous le savez : il suffit qu'une petite maille, une seule maille, saute et toute l'écharpe se défait.

Toute l'histoire de la biodiversité, tout ce qui fait qu'il faut que nous respections cette écharpe qui enveloppe la terre, cette écharpe mince mais qui tient chaud et fait surtout chaud au cœur, s'exprime par cette métaphore aussi bien que par des discours plus sophistiqués et savants. Pris en ce sens, je suis favorable à ce qu'on appelle aujourd'hui la préservation de la biodiversité. Qui ne le serait pas ?

Mais il faut se méfier aussi de la beauté et de la séduction des métaphores. Cette image m'est venue spontanément dans l'instant d'émotion qui a suivi la lecture du beau texte de Saint-François. Mais je dois dire qu'en réalité, je ne partage pas entièrement le point de vue de ma métaphore : j'ai moi-même des écharpes qui sont toujours déchirées. Il arrive ainsi que la poésie, par sa générosité, par sa grâce, pollue quelque peu la biologie.

J'adore pleurer sur les baleines mais j'avoue aussi qu'il y a, à côté de ça, une certaine obscénité à sauver trois baleines au milieu des océans quand il y a tant de désastres ailleurs, à dépenser ainsi tant d'argent pour ce qui, finalement, n'est qu'une émotion aussi contagieuse que superficielle.

C'est vrai qu'il faut un générateur de diversité pour que l'évolution fonctionne, mais, une fois qu'on a dit ça, on n'a presque plus rien à ajouter car il y aura toujours et aussi longtemps qu'il y aura de la vie un générateur de diversité. La vie ne va pas devenir, du jour au lendemain, monotone. C'est une chose qui est tout à fait impossible et même si on le voulait, nous ne pourrions pas faire perdre à la vie son caractère de diversificateur essentiel.
Dans une perspective plus hédoniste, j'aimerais évoquer, pour finir, les lamproies. Nous les protégeons, avec beaucoup de difficultés en Gironde, pour essayer de cuisiner ces merveilles de la systématique en sauce au vin avec des poireaux. Merveille de la nature qui fait que ces animaux remontent des profondeurs au moment même où les poireaux finissent de monter.
Il y a là une convergence tout a fait extraordinaire et qui mérite d'être protégée. J'ai appris que ces mêmes lamproies que nous cherchions à préserver étaient combattues avec acharnement par nos amis canadiens qui s'efforçaient, eux, de les faire disparaître parce qu'elles détruisent d'autres espèces de poissons consommables dans les Grands Lacs.
Ainsi, ce que nous cherchons à préserver en Gironde, on cherche à l'éliminer au Canada. Peut-être que, d'ici quelques années, il n'y aura plus de lamproies dans les Grands Lacs américains et que personne ne s'en portera plus mal. Donc, la biodiversité peut être perdue d'un côté et gagnée ailleurs, désirée dans une région, com-

battue dans une autre. La biodiversité, c'est surtout une question de point de vue : celui du cuisinier, celui du chasseur, celui du pêcheur canadien, celui du gastronome gascon, celui de l'artiste amoureux de la nature, etc.

Lorsque je vois les sommes que l'on consacre, sur le littoral, dans le but unique de préserver quelques espèces, je me demande si ces sommes sont véritablement bien dépensées. On peut se demander, sans vouloir être gratuitement provocateur, s'il n'y a pas là quelque fantaisie de pays riches ou d'esthètes un peu décadents à vouloir sauver des espèces qui ne sont plus là que pour le plaisir de nos yeux ou de nos palais.

Je crois qu'il faut que l'homme, qui, sur la Terre, est le grand interventionniste, apprenne à modifier la biodiversité, à la tailler, à éradiquer certaines espèces, en tenant compte, bien sûr, de la complexité des écosystèmes qui fait qu'il faut bien les connaître pour agir dessus sans provoquer des effets indésirables. Je pense que personne ne se plaindra si les anophèles disparaissent. Donc, débarrassons-nous sans états d'âme de ce qui nuit à l'homme.

Il y a, de nos jours, une sorte de déification de la nature qui voudrait nous faire respecter même ses aspects les plus nuisibles et qui va jusqu'à dévaloriser l'homme, justement parce qu'il est le grand interventionniste dans la nature. Alors, si c'est cela qu'on met dans le terme de biodiversité, si c'est l'idée d'une sacralisation de la nature, là, je n'y suis plus du tout favorable.

Julie Clarini

Journaliste à France-Culture

Il ne se passe pas un jour sans qu'un article dans un journal ou un reportage dans les médias ne nous informe de la disparition attendue de tel ou tel animal, du poids de nos activités diverses sur l'environnement et du risque conséquent pour la biodiversité.

Pour être tout à fait honnête, il s'agit typiquement de ce genre de nouvelles qui laissent les bras ballants et l'esprit paralysé.

Qu'en faire ? Comment les ordonner ? La disparition probable des ours polaires est-elle plus importante que la guerre en Irak ? La sauvegarde des vers de terre est-elle un combat moral ? De quelle urgence ?

Avouons-le, faute d'impératif clair, une certaine lassitude peut saisir devant les innombrables couvertures sur « la planète en danger » ou les « espèces menacées ».

Et puis les formules toutes faites se prêtent facilement à la provocation. Nous en ferons un brin : pourquoi faudrait-il défendre la biodiversité ? Quelles sont les valeurs qui nous guident ? Faut-il la protéger toute ou partie ? La Nature n'est pas un Temple, sauf pour le poète, et il serait bon de ne pas entrer dans des discours dogmatiques, ces mêmes discours que les chercheurs ont combattu avec force dans le débat sur les plantes génétiquement modifiées. Ce n'est pas en bloc, nous ont-ils dit, qu'il faut accepter ou refuser les OGM, mais en passant au crible chaque espèce et chaque technique. L'évaluation doit précéder la décision.

Vous percevrez dans les contributions qui vont suivre la difficulté à déterminer quelle disparition d'espèce est catastrophique et quelle autre peut être considérée comme négligeable.

Le monde naturel est composé de variétés sauvages nous fournissant généreusement des services qu'il peut être très coûteux, voire impossible, de nous procurer par nous-mêmes. « L'élimination d'un grand nombre de petits poissons a souvent des conséquences très dommageables pour les humains, écrit le biologiste américain Jared Diamond, un peu comme si l'on retirait au hasard beaucoup de petits rivets dans l'assemblage d'un avion. » Personne ne s'amuserait à ce genre de bricolage avant de s'embarquer sur un engin volant, à moins de chercher la catastrophe…

Ainsi nous aurions le pire devant nous, même si on ne sait dire précisément sous quelle forme il se présentera. C'est l'une des difficultés que rencontre le combat pour une meilleure protection de la biodiversité : d'où viendra la menace ? Quel aspect prendra-t-elle ?

Nul doute qu'elle sera plurielle et probablement cumulative. Les espèces interagissent de multiples façons, par le biais de changements de comportements, de modifications de l'habitat, de communications chimiques ; et un simple déséquilibre peut produire des effets imprévisibles.

Aujourd'hui la menace du réchauffement planétaire commence enfin à être prise au sérieux. La vigilance devra s'étendre demain à l'ensemble de la biodiversité.

Quand bien même, à terme, les ravages attendus ne mettraient pas en cause l'avenir de l'homme, la disparition de la richesse du monde naturel nous promettrait un bien triste futur.

Comme aime le dire l'anthropologue Richard Leakey : « L'homme aime la diversité du vivant, et elle lui est psychologiquement nécessaire. » Qui oserait prétendre l'inverse ?

Hervé Le Guyader

Professeur en biologie évolutive à Paris VI

La biodiversité, il faut commencer par la définir. Or, c'est une tâche assez délicate car définir la biodiversité implique de faire un peu d'histoire des sciences, un peu de biologie, un peu de paléontologie, un peu de géologie, etc.

Le terme de « biodiversité » est employé depuis la conférence de Rio en 1992. Auparavant, c'était un terme réservé à quelques universitaires. Mais sa signification n'était pas passée dans le langage courant.

La définition du terme comporte au moins trois niveaux. Premier niveau : la biodiversité, c'est d'abord l'ensemble des espèces qu'on rencontre à la surface de la Terre. Second niveau : c'est l'ensemble des écosystèmes que l'on peut rencontrer sur le globe. Troisième niveau : l'ensemble des gènes que l'on va trouver dans les génomes de ces espèces.

Décrire la biodiversité, quel que soit celui des niveaux que je viens d'indiquer auquel on se place, est un vaste programme. De plus, cela impose de faire quelque chose qui est assez singulier pour la science : on va parler de choses qu'on ne connaît pas.

La description de la biodiversité, au sens des espèces vivant sur Terre, commence surtout au XVIIIe siècle (on peut, bien sûr, remonter à Aristote, mais enfin, c'est surtout au XVIIIe que ce programme de recherche sera élaboré de façon méthodique).

Actuellement, il existe deux millions et demi d'espèces décrites et, selon les auteurs, il y aurait entre dix et cinquante millions d'espèces sur Terre. On ne connaît donc, dans le meilleur des cas, qu'un cinquième des espèces vivant sur Terre, et peut-être, en fait, beaucoup moins.

Deuxième signification que j'ai indiquée : les écosystèmes. L'écologie scientifique fait son apparition au XIXe siècle et connaît un développement important surtout au XXe siècle. On découvre encore régulièrement des écosystèmes qui avaient été longtemps ignorés, par exemple des écosystèmes dans la profondeur des océans.

Au niveau du génome, enfin. On a séquencé, aujourd'hui, le génome de quelque deux cents organismes et, donc, pour tous les autres, on ne connaît pas leurs gènes ou on ne les déduit que de la connaissance que nous avons des gènes des espèces connues.

Pourquoi cette définition qui semble si floue ? Eh bien, cette définition est tout de même très intéressante. Car, lorsqu'on va décrire la biodiversité aux trois niveaux dont je viens de parler, on va à chaque fois se mettre dans le cadre de la théorie de l'Évolution. Et qu'est-ce que cela signifie de se placer dans le cadre de la théorie de l'évolution ? Cela signifie qu'à chaque fois la notion de temps va être essentielle. Et l'un des premiers points sur lesquels je voudrais attirer l'attention, c'est que la biodiversité actuelle doit être considérée comme une photographie extraite d'un film - film qui a commencé il y a environ 3 milliards d'années et qui devrait se poursuivre pour la même durée environ si j'en crois les pronostics des astrophysiciens. Donc, cette diversité actuelle, si on veut comprendre sa structuration, on doit aussi comprendre son histoire. Qu'est-ce que cela signifie ? Cela signifie décrire les espèces et essayer, dans le cadre de la théorie de l'évolution, de retrouver les relations de parenté entre ces espèces, c'est-à-dire, l'histoire des ancêtres de ces espèces qui ont vécu sur terre à un moment donné.

Première conclusion immédiate qui concerne l'homme : à chaque fois que vous rencontrez sur votre passage un organisme vivant, vous pouvez être certain que vous avez eu, à un moment plus ou moins éloigné de l'évolution, un ancêtre commun avec lui. Nous avons un ancêtre commun avec le chimpanzé. Cette idée est maintenant largement acceptée. Mais nous en avons aussi avec les pigeons ou avec les insectes que mangent ces pigeons, ou même avec les bactéries qui recouvrent leur bec. Cela signifie que la notion de temporalité nous plonge dans la biodiversité.

Le second point, c'est, si on regarde l'évolution de la biodiversité sur Terre, l'existence de crises majeures au cours desquelles cette biodiversité fut réduite dans des proportions importantes. Les paléontologues décrivent cinq crises majeures. Fin du permien, avec une disparition de 90 % des espèces vivantes ; celle, classique, du mi-crétacé-tertiaire qui a vu disparaître les dinosaures. Enfin, aux dinosaures volants près, puisque les oiseaux sont des descendants des dinosaures. D'ailleurs, soit dit au passage, on dénombre actuellement cinq mille espèces de mammifères contre dix mille espèces d'oiseaux. Vous voyez, à défaut de se porter eux-mêmes tout à fait bien, les dinosaures ont laissé des descendants plutôt prospères, d'un point de vue évolutif.

Alors, on a proposé de considérer la diminution actuelle de la biodiversité comme la sixième grande crise de la biodiversité sur Terre. Pourtant, en toute rigueur, si on emploie les moyens des paléontologues pour évaluer l'ampleur de la crise actuelle de la biodiversité, on arrive bientôt à la conclusion que cette crise n'existe pas. Pourquoi ? Parce que lorsque les paléontologues parlent de crise de la biodiversité au permien ou au crétacé, ils comptent la disparition des familles. Il suffit donc qu'un membre de la famille d'une espèce donnée survive pour que la biodiversité soit, selon cette méthode d'évaluation, considérée comme inchangée. Actuellement, la crise de la biodiversité peut être décrite comme disparition d'espèces mais non comme disparition de famille. Il n'y a donc pas, à ce point de vue, de diminution de la biodiversité.

Mais je crois qu'il faut insister sur les points suivants :

tout d'abord, si nous sommes capables de reconstruire le passé, nous sommes, en revanche, incapables de prévoir le futur.

Le second point que je souhaiterais souligner, ce sont les relations importantes qu'on trouve entre la biodiversité et le monde des géologues : les biochimistes se rapprochent de plus en plus des biologistes. Ils se rendent compte que la vie biologique de la planète est étroitement imbriquée avec la vie géologique de la même planète.

Or, dans l'éducation secondaire et supérieure, on a trop tendance à séparer l'une de l'autre : géologie d'un côté, biologie de l'autre. La planète est un tout.

L'autre point que je voudrais aborder, c'est celui de la description de la biodiversité. Cette description doit être spatio-temporelle.

J'ai jusqu'ici parlé du temps, pas encore de l'espace. Un de mes collègues au Muséum a décrit, dans le lagon de la Nouvelle-Calédonie, la répartition des espèces. Eh bien, vous trouvez que certaines espèces sont présentes sur trois localisations différentes, d'autres sur deux localisations seulement, d'autres, enfin, sur une seule.

Cela montre une chose importante qui est que chaque espèce, pour être décrite de façon complète, doit être localisée dans l'espace. Il est insuffisant de dire qu'une espèce existe, il faut dire où elle existe.

Enfin, je voudrais signaler que la stabilité de la biodiversité varie selon les climats. Dans les régions tropicales, la biodiversité est relativement stable. Vous avez là des espèces qui se sont maintenues sans grand changement

sur de très longues périodes. Dans les régions que nous appelons tempérées, vers le 45e parallèle, la biodiversité est toujours beaucoup plus instable et changeante.
Donc, pour récapituler, j'ai voulu souligner dans cette courte introduction sur la biodiversité l'importance du temps, l'importance de l'espace, l'importance des relations entre le géologique et le biologique et entre le climatique et le biologique. Et ce sont tous ces éléments et toutes ces interactions qu'il faut garder en tête si on veut avoir des idées adéquates sur la question de la biodiversité.

Bernard Chevassus-au-Louis

Président du Muséum national d'Histoire naturelle

Je partirai de ce que j'appelle la « grande parenthèse », c'est-à-dire le fait qu'au XXe siècle et surtout dans la deuxième moitié, on a pu avoir l'impression qu'il était possible de mettre la nature entre parenthèses et qu'on pouvait se passer de la biodiversité.

D'où venait cette impression ? En grande partie de ce que les progrès de la chimie ont permis de ramener des systèmes qui utilisaient une grande diversité d'espèces et leurs interactions complexes à un système de monoculture intensive.

Mais le phénomène ne touche pas seulement l'alimentation puisque, dans le domaine de l'habillement, il semble qu'on ait eu des réflexions analogues : le lin, la laine, et d'autres fibres naturelles pouvaient être rangés dans les musées et d'autres fibres, de synthèse celles-ci, allaient pouvoir faire beaucoup mieux.

On trouverait encore des réflexions analogues dans le domaine de la chimie : chimie des médicaments ou des peintures, par exemple, au sujet desquels on a pu se dire que dès lors qu'on savait recombiner le carbone, l'oxygène, l'azote et l'hydrogène par des procédés bien maîtrisés, on allait pouvoir produire tout ce dont on avait besoin et dans les quantités dont on avait besoin. Et ceci, sans avoir à s'encombrer de la nature avec tout ce qu'il y a, en elle, de baroque et d'inattendu. J'ai tendance à penser qu'une des caractéristiques fortes de la modernité telle qu'on l'a connue au XXe siècle était d'affirmer que, désormais, on pouvait s'affranchir de la nature, de la naturalité.

Cependant que constate-t-on ? Eh bien, on constate qu'on commence à s'intéresser de nouveau à la nature. En témoigne notamment l'intérêt, de plus en plus vif, porté aux questions de la biodiversité. Et, là-dessus, trois remarques.

La première : si on prend un peu de distance, on s'aperçoit que tout ce qui permettait d'espérer qu'on allait pouvoir se passer de la biodiversité est en fait, sur des échelles de temps très longues, issu de la biodiversité. On a vu que l'énergie fossile était le produit d'une biodiversité passée. Juste un chiffre : chaque jour, pour les besoins de nos consommations, on décapitalise dix siècles de photosynthèse. C'est l'ordre de grandeur du rapport qu'il y a entre la vitesse à laquelle on consomme les énergies fossiles et le temps qu'elles ont mis à se former. Nous puisons donc abondamment dans ces réserves. Ce n'est pas seulement vrai pour l'énergie. Ainsi, je m'amuse parfois à montrer qu'un des produits les plus récents et les plus prestigieux de la biodiversité passée, c'est le viaduc de Millau. En effet, si on a de la ferraille, c'est qu'on a des minerais de fer et ces minerais ont été produits par des bactéries qui ont précipité le fer soluble dans l'eau, il y a de cela fort longtemps. Si on a du béton, c'est qu'on a du calcaire, si on a du calcaire c'est parce que des micro-organismes marins ont construit ces ressources de calcaire. On peut donc dire que cette parenthèse de la biodiversité que j'évoquais en commençant, s'est, en fait, entièrement construite sur les services passés de cette même biodiversité.

Deuxième remarque : pendant qu'on mettait la biodiversité entre parenthèses, la nature continuait à fonctionner. Elle a peut-être, dans un premier temps du moins, tempéré un certain nombre de nos excès. Mais on remarque aussi qu'à partir d'un certain seuil, elle semble montrer les limites de sa tendance à l'équilibre. On a estimé - les économistes contesteront ce chiffre, mais, après tout, ce sont eux qui l'ont produit - que le total des services écologiques rendus par l'ensemble de notre planète serait équivalent au double de toute la richesse produite par notre espèce sur cette même planète. On a estimé aussi que, si on calculait les services rendus par une région de la nature considérée comme non mise en valeur (une forêt vierge, par exemple), eh bien, le total de ces services commençait à décroître à partir du moment où l'homme cherchait à mettre en valeur cette région. Cette nature, qu'on avait mise entre parenthèses a donc continué à lutter contre l'érosion, à produire une eau de

qualité, à réguler le climat, à produire des plantes, etc.
Troisième remarque : ce que j'appellerai les savoir faire de la biodiversité sont encore bien loin d'être connus de nous. Quelques exemples - qu'on pourra juger anecdotiques, mais qui sont, je crois, significatifs. C'est en étudiant la structure des élytres d'un petit scarabée du désert africain que l'on est en train de concevoir des « filets à brouillard » qui permettent de capter l'humidité ambiante dans les zones désertiques et d'alimenter ainsi en eau certains villages. L'ultra-structure de ces élytres est un puissant piège à humidité.
Autre exemple : on rêve, pour des raisons plus ou moins pacifiques, de faire voler ce qu'on appelle des nanodromes, c'est-à-dire de tout petits avions sans pilote, de quelques centimètres de long. On s'est rendu compte qu'on ne savait pas faire voler des objets de petite taille et qu'il fallait, si on voulait un jour y parvenir, s'intéresser de plus près à la manière dont la libellule parvient à réaliser son vol stationnaire pour, éventuellement, l'appliquer ensuite à des engins fabriqués par l'homme.
Dernier exemple : les sociétés de robots. On a d'abord pensé que les robots devaient être aussi intelligents que possible. Mais, en s'inspirant des sociétés d'insectes, on en vient à concevoir une toute autre notion de l'intelligence. Ces sociétés, en effet, sont organisées autour d'une forme d'intelligence plus répartie : chaque individu a un répertoire comportemental ou cognitif assez faible mais le jeu de l'échange d'informations entre ces individus fait que leur capacité à résoudre un problème se

révèle importante. D'où l'idée, pour explorer des planètes lointaines ou des environnements dangereux, de tirer parti de colonies de petits robots peu coûteux - l'un d'eux pouvant disparaître sans occasionner de gros problèmes pour l'ensemble - mais dont l'échange d'informations à tout moment permet d'acquérir une intelligence collective. Je prends cet exemple pour terminer car je crois que, dans le domaine qui nous réunit aujourd'hui, il peut être utile de s'inspirer de cette réflexion : l'échange des informations entre des individus d'intelligence moyenne pourrait être très supérieur à la capacité de réflexion d'un seul individu qui se croit particulièrement intelligent. Il faut s'inspirer de la biodiversité dans ce domaine.

Pour conclure, la biodiversité est utile partout. On peut certes militer pour conserver ces fameux « points chauds » de la biodiversité (Nouvelle-Calédonie, Pacifique, etc.). Mais si demain on se rend compte que dans la Beauce profonde il faut construire d'autres systèmes agricoles et alimentaires, ce n'est pas en allant chercher des espèces à Tahiti que nous parviendrons à reconstruire des écosystèmes intéressants. C'est avec les espèces que, dans ces milieux, nous aurons appris à conserver (ce qui ne signifie pas les mettre au réfrigérateur mais continuer à leur permettre d'évoluer avec nous). La biodiversité est un bien commun que chacun doit faire évoluer.

YVON LE MAHO

Directeur de recherche au CNRS (Écologie et physiologie énergétique), membre de l'Académie des Sciences

Je vais continuer ce que j'ai perçu comme un plaidoyer pour la préservation de la biodiversité. J'entends dire assez souvent, même à l'Académie des sciences : « Oui, bon, une crise de la biodiversité, ce n'est tout de même pas très grave : de tous temps des espèces ont disparu. C'est ainsi que fonctionne la nature. » On oublie un détail : il faut en moyenne un million d'années pour faire une espèce. Nos décisions ne se situent évidemment pas à une telle échelle, mais, tout au plus, à l'échelle de la décennie.

Préserver la biodiversité, c'est préserver les innovations de la nature. Car, comme le disait récemment Robert Barbeau, qui est une sommité en la matière : « chaque espèce est une innovation remarquable parce qu'elle est encore là », et j'ajouterais volontiers : chaque espèce est le résultat de la sélection de mécanismes originaux qui n'ont pas leur équivalent ailleurs dans la nature.

Exemple : je préside le conseil scientifique du patrimoine

naturel ; l'un des sujets chauds, actuellement, est celui des ours. Eh bien, savez-vous que l'ours est le seul animal actuellement connu qui soit capable d'éviter l'utilisation de ses muscles ? Un obèse sévère - comme on en rencontre de plus en plus aux États-Unis - dispose d'environ trois années de réserves alimentaires mais il n'a que trois mois de disponibilité musculaire. On ne connaît pas, à l'heure actuelle, de régime permettant d'éviter la fonte musculaire lors de l'amaigrissement. On ne connaît pas le mécanisme qui permet à l'ours d'éviter l'utilisation de ses propres muscles pendant la période de jeûne. Il semblerait que ce mécanisme soit fondé sur un recyclage, impliquant une uréase (enzyme dégradant l'urée) qui se trouve dans des bactéries vivant en symbiose dans le système digestif de l'ours.

Autre exemple : j'ai consacré une bonne partie de ma vie à étudier le manchot empereur - une partie de ces travaux a été illustrée par le film récent, *La marche de l'empereur*. Ces animaux vivent dans un environnement extrême. Mais ils sont adaptés à cet environnement qui n'est extrême que pour nous qui ne vivons pas dans un pareil environnement. Ils ont, par exemple, ces animaux, la capacité de conserver du poisson dans leur estomac (dans le cas du manchot royal), pendant environ trois semaines à trente-huit degrés. Eh bien, essayez de conserver du poisson pendant trois semaines à trente huit degrés ! On a étudié le mécanisme. On a découvert un peptide anti microbien dont nous avons déterminé la structure tri dimensionnelle et cette substance s'est

révélée très puissante contre certaines bactéries ou contre certains champignons.
Donc, une espèce peut être unique dans sa capacité à avoir développé une fonction qui permet de faire face aux contraintes de l'environnement. On pourrait multiplier les exemples du même genre.
Chez les oiseaux, la femelle sélectionne le mâle avec une très grande attention. Eh bien, figurez-vous que la femelle du merle choisit le mâle qui a la meilleure immunocompétence. Il a été démontré que celle-ci se reflète dans l'intensité de la coloration du bec. Or, une meilleure compréhension de l'immunocompétence est cruciale pour traiter certaines maladies.
Encore un exemple : les libellules dont a parlé Bernard Chevassus. On a tendance à dire que les insectes sont des animaux primitifs. C'est inexact. Voyez les capacités dont dispose une libellule pour détecter sa distance par rapport au sol : c'est tout à fait extraordinaire. Un chercheur a développé un robot capable de se déplacer en détectant en permanence sa distance par rapport au sol avec un procédé (qui a donné lieu à un brevet) différent de celui qu'on utilise pour les avions et inspiré de celui des libellules.
Cela signifie que l'écologie de demain sera bien différente de la discipline restreinte qu'on a connue jusqu'ici. En effet, pour étudier toutes ces fonctions, il faut tous les outils qu'a besoin d'utiliser le vivant aujourd'hui mais aussi ceux de la chimie, de la physique, des sciences de l'univers, etc.

Le plaidoyer que je ferais c'est donc celui d'une révolution dans le domaine de la recherche : aujourd'hui, au ministère de la Recherche, on a trois départements qui sont en relation avec des thèmes touchant l'environnement : celui des sciences de l'univers, très impliqué dans les recherches sur le climat mais pour qui le monde vivant constitue plutôt un décor. Le département de biologie cellulaire et moléculaire ensuite, qui ne s'intéresse guère à la biodiversité. Enfin, le département d'agronomie, mais ce département ne fait pas des recherches fondamentales mais plutôt des recherches appliquées.
Si un jour on veut être en conformité avec le grand discours, formidable, de Jacques Chirac à Johannesburg, alors il faut commencer par revoir l'organisation de notre recherche en fonction de ces objectifs. Il faut, par exemple, que l'Institut français de la biodiversité ait véritablement les moyens de se développer. Il ne faut pas que les crédits attribués à ce domaine restent parmi les plus faibles de toute la recherche scientifique. Ceci demande une véritable révolution.

Jacques Weber

Directeur de l'Institut de la biodiversité

Je voudrais ajouter une dimension à la définition de la biodiversité qu'a rappelée tout à l'heure Hervé Le Guyader, pour la rendre cohérente avec l'économie : c'est la dynamique des interactions non pas entre espèces mais entre organismes dans des milieux eux-mêmes en changement. La biodiversité est d'abord un problème d'interactions. Et ce que nous appelons « l'équilibre » est en fait variabilité, instabilité, changement, dans la nature comme dans l'économie ou dans la société.

Pour prendre tout de suite un exemple frappant : le jour même où le ministre de l'environnement se déplaçait pour assister à l'enterrement de l'ours Cannelle, un préfet prenait un arrêté de déclassement d'une zone protégée dans laquelle vivaient deux espèces de longicornes endémiques au lieu en question. La mort de l'ours Cannelle nous a certes tous attristés, mais l'espèce ours n'est pas en danger ; j'en prends à témoin les spécialistes qui sont ici. Quant aux deux espèces de longicornes endémiques, elles sont définitivement rayées du patrimoine de l'humanité. Peut-être disposaient-elles de propriétés intéressantes au point de vue de développements scientifiques ou industriels futurs. Mais on ne le saura jamais.

Auguste Comte suggérait, au siècle dernier, que nous devrions ne conserver que les espèces qui nous sont véritablement utiles. L'économiste John Suart Mill lui répondait qu'on ne peut savoir avec certitude ce que demain nous pourrions tirer de telle ou telle petite espèce passée inaperçue jusqu'ici.

Autre exemple : lorsque l'on décide, en Europe, de subventionner l'exportation massive des abats de poulet vers les pays africains, on condamne à la disparition une grande diversité d'espèces de volailles qui n'étaient pas réellement nourries par les paysans de l'ouest africain, mais qui, simplement, se promenaient parmi eux. Eh bien, l'effet de ces subventions est tel que ces volailles ne se vendent plus et qu'on assiste à une disparition d'espèces, sans qu'on soit, du reste, certains que le remplacement soit tellement profitable. Il y a un lien entre ce qui se passe ici et ce qui a lieu ailleurs, et on ne peut pas morceler les problèmes.

La biodiversité, c'est un problème global où une décision prise en un point de la planète impacte les conditions de vie locales quelque part ailleurs dans le monde. De ce point de vue, les villes sont des écosystèmes particuliers qui tirent leurs moyens de subsistance de l'ensemble de la planète et se rendent, par là, indépendants de l'écosystème immédiat. La ville est donc un écosystème supérieur, plus efficace que les écosystèmes ruraux dont elle dépend néanmoins, à l'échelle planétaire. L'empreinte écologique d'un urbain est, en effet, bien inférieure à celle d'un rural, ne serait-ce que pour des raisons de transports, de déchets, d'énergie, etc.

J'ai été très frappé par les discours entendus ce matin qui tendaient à nous dire : « il y a deux choses importantes, l'énergie et le climat ». Mais importantes par rapport à quoi ? C'est bien, je pense, par rapport à l'évolution des conditions de la vie humaine sur Terre que ces facteurs sont importants. Car le climat pour le climat, on s'en fiche !

On présentait aussi les choses, dans ces tables rondes, comme si la vie était toujours passive relativement aux conditions climatiques ou énergétiques qui lui sont faites. C'est pourtant contraire à tout ce que j'apprends de mes collègues écologues. Non seulement les systèmes vivants réagissent et s'adaptent, par exemple, aux modifications de climat, mais en plus ils produisent des rétroactions qui influent sur le climat. Ainsi, il a été démontré qu'à partir d'un certain seuil de CO2 dans l'atmosphère, les arbres cessaient d'absorber le carbone et le relarguaient au contraire. Les arbres sont fragilisés, se détruisent plus vite et l'écosystème s'emballe. Ce qui a un effet d'amplification important sur l'évolution de l'atmosphère.

Le mot-clé ici est donc celui d'interaction : interactions entre organismes vivants dont les humains font partie et non-séparabilité des problèmes climatiques et énergétiques. On est dans un tout que la communauté scientifique appelle le changement global. Si on a l'habitude d'en séparer les éléments, c'est au prix de n'en oublier jamais les interactions.

Pauvreté et biodiversité : autre point que je voudrais aborder. La biodiversité, c'est aussi, c'est vrai, une source de maladie. Mais c'est aussi une source d'apprentissage de la lutte contre les maladies. J'ai été frappé à l'époque où je travaillais dans les champs du Nord-Cameroun par cette remarque d'un paysan assez érudit. Il me disait : « Toi qui est scientifique, qu'est-ce que tu en penses, il me semble que Dieu nous a envoyé les maladies pour nous obliger à découvrir le médicament qu'il avait mis à notre portée. » La biodiversité produit certes des maladies mais aussi des médicaments qui permettent de les guérir. S'il est une révolution scientifique en marche – plus à l'étranger qu'en France, hélas – c'est le développement considérable des approches écologiques des problèmes de santé. Lesquelles viendraient en complément et non en remplacement des approches médicales traditionnelles des problèmes.

Ainsi, les écologues vous disent : une bactérie résistante, c'est une bactérie dont on a favorisé la résistance en éliminant ses concurrents. On peut donc traiter le problème en réintroduisant des concurrents qui abaissent son niveau démographique à un niveau tel que ce pathogène ne représente plus un grand danger pour les humains. Ce ne sont pas là des approches classiques de la médecine, puisque la médecine voit dans le pathogène un ennemi à éradiquer. Or, les écologues nous apprennent que tout projet d'éradication a pour résultat la sélection de résistants. Il serait donc temps que s'instaure un dialogue entre écologues et médecins et qu'on sorte d'une stricte médecine de l'environnement pour passer à une écologie de la santé. C'est un autre des bouleversements qui est attendu des progrès de la recherche sur la biodiversité.

En ce qui concerne la pauvreté : lorsqu'un progrès technique se met en place, il uniformise les milieux. Le progrès supprime la variabilité naturelle : vous mettez beaucoup de pesticides, beaucoup d'engrais, puis, vous engrangez un chiffre d'affaires, et vous reportez sur les générations à venir les coûts de l'opération en pollution, en uniformisation des variétés et en fragilisation des écosystèmes. À cela, les paysans répondent par la diversité des plantes en culture et en acceptant des rendements moins élevés mais aussi des coûts beaucoup plus faibles de lutte contre les ravageurs. Ils vont donc mettre en place des systèmes tels qu'ils réduisent la possibilité, pour les ravageurs, de se répandre, mais, en même temps, consentir une perte sur récolte.

Je me souviens d'un article publié dans une revue connue dans lequel un agronome expliquait, au sujet des Philippins qui en étaient restés à l'agriculture traditionnelle, qu'ils consentent à perdre 20 % de leurs récoltes au profit des ravageurs, laissant ainsi entendre qu'il s'agissait d'un système arriéré. Mais lorsque vous comparez avec la part de chiffre d'affaires qu'un paysan beauceron consacre à l'achat de pesticides, eh bien, vous vous apercevez que c'est bien plus de 20 % ! L'efficacité relative est donc plutôt en faveur de la culture traditionnelle.

Mais il faut remarquer ceci : pour que les systèmes d'agriculture traditionnelle survivent, il faut que les régimes d'appropriation, les modes de propriété le permettent. Or, quand s'installe l'agriculture modernisée à fort retour sur investissement, pas nécessairement à fort rendement, ces paysans locaux sont généralement renvoyés sur des terres marginales avec des niveaux de revenus qui ne leur permettent plus d'entretenir le milieu qu'ils exploitent. Et c'est ainsi qu'on a ensuite l'impression que les pauvres sont ceux qui dégradent le plus l'environnement !

La différence entre riches et pauvres dans ce cas-là, c'est que la dégradation par les pauvres se voit parce qu'elle est locale tandis que celle des riches ne se voit pas parce qu'elle est mondiale. Vous voyez clairement que biodiversité et pauvreté sont intimement liées.

Pour conclure, je dirai que le problème que nous avons en matière de biodiversité comme en matière climatique d'ailleurs, c'est de changer entièrement notre comptabilité, c'est-à-dire, notre relation au monde et la façon dont nous la comptabilisons. Prenez, par exemple, le problème que soulevaient les entreprises lorsque nous avons, avec l'Association Orée, cherché à analyser les obstacles que rencontrait l'intégration de la biodiversité dans les entreprises. Les entreprises en question nous ont d'abord fait remarquer qu'il n'existait pas, pour la biodiversité, l'équivalent de la tonne-carbone pour le climat, c'est-à-dire, un moyen de mesure. Ces entreprises se sont aperçues que leurs matières premières provenaient du vivant, que leurs technologies étaient des biotechnologies - donc dérivées du vivant - que leurs produits relevaient du vivant, donc que leurs profits provenaient aussi du vivant (20 % à 95 %). Elles pouvaient donc raisonner en changeant leur mode de comptabilité et en ajoutant à leurs calculs habituels leur dépendance à l'égard du monde vivant. En raisonnant ainsi, les impacts sur la biodiversité relèvent de coûts classiques, coûts privés et coûts publics. On se trouvait alors ramenés à une évaluation des dépenses et des profits qui permet de traiter les problèmes de biodiversité de façon cohérente, à l'intérieur même du raisonnement usuel en entreprise.

Avec la biodiversité, nous ne sommes pas dans le domaine du compliqué mais dans celui du complexe. Or, le complexe a ceci de particulier qu'il est généralement régi par des mécanismes simples. C'est sous cet angle qu'il convient, je crois, de l'aborder.

Jean-Claude Ameisen
Professeur d'immunologie à Paris VII,
Président du comité d'éthique de l'Inserm,
membre du Comité consultatif national d'Éthique

L'une des plus grandes révolutions scientifiques de ces 150 dernières années est probablement l'idée que l'ensemble de l'univers - y compris l'univers vivant qui nous entoure et nous inclut - a une histoire. Qu'il est devenir, transformation, métamorphose. Qu'il a émergé et évolué en dehors de tout projet, de toute finalité, de toute intentionnalité, à partir d'un mélange de contingence et de contraintes, de relations de causalité auxquelles nous donnons le nom de lois de la nature. Comment penser le souhait d'intégrer dans un projet humain ce qui est apparu, et évolue, en dehors de tout projet ? Le psychologue Adam Philips disait : « Darwin et Freud nous ont appris à nous considérer du point de vue de la nature, tout en réalisant qu'elle (la nature) n'en a aucun. » Si le vivant est nature, et la nature, *natura*, littéralement, « ce qui est en train de naître », cela fait 3 à 4 milliards d'années que le vivant est en train de naître. Et depuis son origine, la vie n'a jamais disparu, ne s'est jamais interrompue. La vie, en tant que telle, n'est jamais morte. Mais nous savons que cet extraordinaire voyage à travers le temps s'est déroulé sur un fond permanent d'hécatombes et de catastrophes : plus de 99 % des espèces qui sont apparues sur notre planète se sont un jour éteintes. La continuité de la vie est tissée d'innombrables discontinuités. Et depuis l'origine, une grande partie de ces catastrophes ont probablement été causées par l'évolution même de la vie. Le généticien Richard Lewontin disait que « les êtres vivants ne font pas que résoudre des problèmes, ils commencent d'abord par les créer ». Longtemps avant que nous n'arrivions sur Terre, il y a eu toute une série de catastrophes et d'extinctions, et peut-être que l'une des plus grandes, il y a environ 2 milliards d'années, a été due à l'activité de photosynthèse des cyanobactéries qui a abouti à remplir l'atmosphère des 20 % d'oxygène qu'elle contient toujours aujourd'hui, oxygène qui nous est aujourd'hui aussi indispensable qu'il a été toxique pour la plupart des êtres vivants il y a 2 milliards d'années. Darwin concluait *L'origine des espèces* par ces mots : « Ainsi des guerres de la nature, de la famine et de la mort ont émergé les réalisations les plus extraordinaires que nous puissions concevoir. Il y a de la grandeur dans cette vision de la vie… » qui, « à partir d'un début si simple », a fait émerger et évoluer « l'infinie diversité des formes les plus belles et les plus merveilleuses ».

« L'écharpe » dont parlait tout à l'heure Jean-Didier Vincent, « ce tissu vivant qui recouvre la Terre », s'est en fait détricotée puis retricotée d'innombrables fois. Et la question n'est peut-être pas tant : « est-ce que la manière dont nous nous comportons avec la nature risque de provoquer son détricotage ? » mais plutôt : « est-ce que la manière dont nous nous comportons ne risque pas de l'empêcher de se retricoter ? ». Lorsque nous parlons de préserver la biodiversité, est-ce que nous voulons parler de la préservation de la biodiversité telle qu'elle est aujourd'hui, est-ce que nous rêvons d'un éternel présent, qui renvoie implicitement à la vision « fixiste » des espèces vivantes qui était celle des naturalistes pré-darwiniens ? Ou est-ce que nous voulons parler de la préservation de cette extraordinaire propriété qu'a le vivant de créer sans cesse de l'inattendu, de la diversité, de la nouveauté, de la surprise ? Préserver la biodiversité, dans ce sens-là, c'est préserver l'apparition de ce que l'on n'a pas prévu. Et je pense que la manière dont une société est prête, ou non, à se confronter à l'inattendu révèle la relation qu'elle entretient avec l'avenir.

Je crois aussi que nous avons deux visions contradictoires de notre place dans la nature. Je pense à ces mots d'Adam Philips : « L'homme, cet étrange animal qui essaye toujours de maîtriser ce par quoi il a déjà été maîtrisé. » D'un côté, avec le développement des nanotechnologies et la biologie de synthèse, nous avons pour projet de créer une nature artificielle, entièrement contrôlée et maîtrisée, de transformer la nature en une production technique, culturelle. Et d'un autre côté, nous avons pour projet de préserver la nature dans sa dimension de processus spontané d'émergence d'inattendu et de nouveauté. Comment pouvons-nous faire coexister ces deux visions : nous, comme partie intégrante d'une nature qui s'invente chaque jour, et nous, comme tentant de maîtriser cette nature et d'en faire une composante culturelle de notre environnement ?

Il y a une autre contradiction que nous devons prendre en compte. Nous souhaitons préserver la biodiversité de l'univers vivant qui nous est visible - l'univers des animaux et des plantes. Mais il y a une autre dimension de la biodiversité qui nous inquiète et nous effraye : celle des micro-organismes invisibles, des microbes qui nous entourent ou nous habitent - les virus, les bactéries, les parasites. Là, nous avons, et c'est compréhensible, beaucoup moins d'empathie et d'inclination à préserver *a priori* tout ce que la nature fait naître.

Dans l'univers des micro-organismes, l'évolution est beaucoup plus rapide que dans le monde des organismes visibles, dont nous faisons partie. Dans de nombreuses espèces bactériennes, la durée qui sépare deux générations est de trente minutes ; dans l'espèce humaine, elle est de vingt-cinq ans. Et, par conséquent, quinze ans d'évolution, pour une espèce bactérienne, peut correspondre, en termes de nombre de générations, et donc de rapidité d'émergence de nouveauté, à l'équivalent de plus de six millions d'années à l'échelle de l'espèce humaine, la durée qui nous sépare des derniers ancêtres communs que nous partageons avec les chimpanzés.

Nous vivons au milieu d'un monde invisible dont la diversité évolue très vite, beaucoup plus vite que celle de la plupart des animaux et des plantes qui nous entourent. Et nous modifions les modalités d'évolution des micro-organismes en changeant nos relations avec les animaux, en pratiquant des déforestations, en bouleversant les environnements écologiques, en changeant nos modes de vie et de déplacement, en utilisant à grande échelle, et parfois sans discernement, non seulement dans des populations humaines mais aussi chez de nombreux animaux, antibiotiques, antiviraux, vaccins... Modifications qui se traduisent à intervalles réguliers par la propagation de microbes résistants aux traitements, et au passage, dans l'espèce humaine, de microbes animaux, qui provoquent des maladies émergentes - Sida, Sras, grippe aviaire... Aborder la question de la biodiversité, c'est donc aussi essayer de comprendre les mécanismes d'évolution de l'ensemble de l'univers vivant, au-delà de ce que nous en percevons habituellement, en nous intéressant aussi à sa part invisible, au monde microscopique.

Ce que je voudrais présenter ici, c'est un plaidoyer pour une véritable recherche qui essaie de comprendre les écosystèmes en y incluant les organismes invisibles. C'est dans un tel contexte qu'il nous faut, me semble-t-il, nous poser la question de savoir si ce que nous voulons, c'est préserver la biodiversité tout entière, avec l'ensemble de ses composantes. Ou si ce que nous souhaitons, c'est préserver non pas obligatoirement toute la biodiversité actuelle, mais plus fondamentalement la capacité de la vie à faire naître la nouveauté, en essayant d'orienter certaines de ces naissances dans des directions qui nous permettent au mieux de vivre en équilibre (ou plutôt en déséquilibre dynamique permanent) avec cette nouveauté.

Une autre question, qui me paraît essentielle, a déjà été évoquée : la préservation de la biodiversité est-elle avant tout une préoccupation de riche ? Préserver la biodiversité, c'est une préoccupation qui implique une projection dans un avenir assez lointain, et il est clair que pour l'immense majorité des êtres humains, aujourd'hui, le souci de l'avenir est un souci du lendemain ou du jour même, en termes de vie et de mort - de faim, de maladies infectieuses, de massacres...

Lorsque nous parlons de « développement durable », un thème souvent associé à celui de la préservation de la biodiversité, de quoi parlons-nous réellement ? « Que » voulons-nous « faire durer » ? « Qui » voulons-nous « faire durer » ? L'humanité tout entière, « nous » et « les autres » ; ou une partie seulement de cette humanité, dont nous faisons partie, celle dont les conditions de vie sont actuellement relativement bonnes ?

Il est extrêmement probable, et cela a déjà été mentionné, que si toute l'humanité vivait aujourd'hui de la même manière que nous vivons dans une partie du monde occidental, la biodiversité serait profondément menacée. Donc, il y a une contradiction : moins nous donnons à l'ensemble de l'humanité les moyens de vivre comme nous le faisons - c'est-à-dire, de la manière que nous croyons, à tort ou à raison, la plus souhaitable - et mieux nous préservons la biodiversité. Avons-nous les moyens de rendre le développement à la fois durable et équitable ? En avons-nous la volonté ? Nous posons-nous seulement la question en ces termes ? Avons-nous réalisé ce qu'il y avait d'équivoque dans cette notion de développement durable qui se présente volontiers comme une idée généreuse alors qu'elle oblitère bien souvent la question de l'équité de ce développement ? Est-ce que nous pouvons envisager de changer nos conditions de vie et de développement et de permettre à d'autres de les acquérir sans passer par les erreurs (la pollution, la destruction sans discernement des équilibres écologiques, et l'exploitation aveugle des ressources naturelles...) que nous avons faites et continuons de faire ? Est-ce que nous pouvons concilier notre souci de l'avenir de la planète avec un souci de respect et de promotion des droits de l'homme ?

Il nous faut essayer de penser ensemble la nature et l'humain, le présent et l'avenir, sans abandonner l'un au profit de l'autre. Envisager, par exemple, comme le propose l'économiste Amartya Sen, que la santé économique d'un pays ne dépend pas uniquement d'indicateurs économiques et financiers, mais avant tout des conditions de vie durables et des possibilités, des choix réels que cette économie procure à chacun. Pouvons-nous essayer de penser la biodiversité, dans un tel contexte, comme la préservation, pour l'humanité, d'un champ des possibles, et non comme une fin en soi ? Une telle conception du développement économique, et du développement de la biodiversité, se rapprocherait beaucoup de la conception que Canguilhem se faisait de la santé humaine : non pas un état précis, définissable, et inchangé, mais un état évolutif qui ouvre un maximum de possibilités dans le présent et dans l'avenir.

Réfléchir à la biodiversité nous amène à une réflexion générale sur notre relation à la diversité. Une question essentielle me semble donc être celle de la façon dont nous envisageons de préserver et d'accompagner l'émergence de l'inattendu et de la nouveauté, et nos possibilités d'y répondre et de nous inventer. Or, dans nos sociétés se développe actuellement la tentation de rejet de l'autre, l'exclusion, la peur de ceux qui apparaissent comme différents - la personne âgée, la personne handicapée, l'étranger - et une obsession de dépister, de prédire, d'isoler ou d'homogénéiser, d'imposer des normes. En d'autres termes, nous prônons le respect de la diversité comme une valeur essentielle quand il s'agit de la nature, et nous craignons, refusons, et rejetons la diversité, la nouveauté, l'altérité, l'inattendu quand il s'agit de la personne humaine.

Ne devrions-nous pas commencer par nous interroger

sur cette contradiction ? Et quand nous parlons de préserver la nature qui « nous » entoure, ne jamais cesser de nous demander de qui nous parlons réellement quand nous parlons de « nous » ?

IV – Urbanisation

Les mégalopoles sont-elles une menace pour l'homme ?

Dominique Lecourt
Professeur de philosophie à Paris VII,
Directeur du Centre Georges Canguilhem,
Président du comité d'éthique de l'IRD (ex-ORSTOM)

Comme on pouvait l'imaginer et comme je m'étais permis d'en exprimer le souhait, c'est la question de la vie humaine et de sa spécificité qui revient dans toutes nos tables rondes - question proprement philosophique. On a entendu que la vie humaine avait ceci de particulier : l'être humain a besoin des autres, ainsi la solitude supposée absolue le détruirait purement et simplement. On a entendu aussi que l'homme est un animal, rappelé avec force pour ceux qui pourraient faire de sa différence une différence absolue au point d'oublier le monde auquel il appartient. Un animal très particulier, puisqu'il a besoin des autres. C'est un animal qui se crée artificiellement des milieux qu'il essaye de soumettre à sa volonté. Et c'est pour cela que cet homme a pu occuper toute la planète, ou presque, et diversifier sans cesse ses modes de vie.

Il me semble que l'histoire de l'urbanisation montre l'inventivité incroyable dont il a fait preuve pour habiter

notre planète. Cette singulière liberté ne risque-t-elle pas de se retourner contre lui ?
Les mégapoles se sont multipliées à la surface de la terre depuis plusieurs décennies. Si on les définit comme l'Unesco - un peu arbitrairement, il faut le dire - comme des agglomérations dépassant huit millions d'habitants, on en comptait vingt-trois en 1995, trente-six en 2004. Cette progression affecte essentiellement les pays les plus pauvres.
Chacun sait que les conditions de vie dans ces mégapoles peuvent être inhumaines (l'inhumanité fait d'ailleurs intégralement partie des potentialités de l'homme). Elles portent une idée de l'humanité qui s'est souvent imposée au nom de la modernité. Cette idée a privilégié une rationalité d'apparence technique et instrumentale et elle a contribué à créer un milieu implacable, appauvrissant l'existence de tous. Qu'est-ce que la planète, en tant qu'elle a été transformée par cette espèce particulière d'animal, l'homme, et sa propension à se créer des milieux de vie artificiels ? Le devenir des mégapoles peut-il être tenu pour symbole de la mondialisation ?
C'est la question même de ce que signifie, pour l'homme d'habiter un lieu qui se trouve ici posée. Pour envisager l'avenir, je crois qu'il est indispensable d'inclure cette réflexion sur l'indéracinable désir qu'a l'être humain de vivre au milieu de ses semblables et la difficulté qu'il y a à répondre à ce désir.

Marcel Germon

Conseil en Communication

Essayons de nous souvenir ou d'imaginer l'immédiat après-guerre. L'urbanisation faisait partie de nos projets les plus importants.

Nous avions alors la certitude que, forts de notre ambition de construire un monde meilleur et plus agréable, nous ne pouvions que bâtir des villes conformes autant à une esthétique idéale qu'à un nouvel art de vivre dont nous nous sentions fiers à l'avance.

On sait ce qu'il en est advenu. Le béton s'est multiplié, on a confondu l'industrialisation à outrance avec la nécessité de faire cohabiter le maximum de personnes dans un espace qui n'a cessé de se réduire.

Le phénomène des banlieues est devenu dans une énorme quantité de cas à la fois un cancer et un cauchemar.

Or, voici qu'un nouveau danger vient de surgir. Les mégapoles pour les très grandes villes, les mégapoles dans la suite d'espaces urbains repoussant toujours plus loin les limites d'un urbanisme non contrôlé.

Notre problème aujourd'hui consiste à entendre les architectes et les urbanistes afin d'apprendre leur analyse de la situation actuelle et les solutions, si tant est qu'elles existent, que leur expérience envisage et parfois propose. Sans oublier qu'ils sont forcément le reflet de toutes les évolutions qui aboutissent à ce monde nouveau réel, virtuel, idéal et concret.
Écoutons-les. Leur diversité enrichira notre réflexion, nous aidera à méditer sur un avenir qui, compte tenu de l'accroissement des populations est forcément inquiétant.

Augustin Berque
Directeur d'études à l'École des Hautes Études en Sciences sociales et ancien directeur du Centre de recherches sur le Japon (CNRS-EHESS)

Tokyo est la ville la plus grande du monde. Elle compte environ 28 millions d'habitants. C'est cependant une ville vivable, alors que d'autres, plus petites pourtant, ne le sont pas. Mégalopoles et mégapoles sont un trait remarquable de l'urbanisation contemporaine. Un point de définition tout d'abord : la géographie distingue ces deux notions. Une mégapole est une ville très grande ; une mégalopole est une bande urbanisée, comme celle que Jean Gottmann avait le premier décrite sur la côte nord-est des États-Unis, ou, au Japon, celle du Tokaido, qui va de Tokyo à Osaka. À l'intérieur de cette bande, on peut trouver des nœuds de concentration, qui chacun sont des mégapoles : Tokyo, Nagoya, Osaka.

Nous avons déjà parlé aujourd'hui de la liberté de l'humain par rapport aux autres êtres vivants. Ceux-ci ont eux-mêmes un degré de liberté, ou de contingence, supérieur à celui des systèmes mécaniques de la planète. La biosphère, avec ses écosystèmes, est donc plus complexe que la planète. À son tour, l'écoumène (l'ensemble des milieux humains), qui implique en outre les systèmes techniques et symboliques propres à l'humanité, est encore plus complexe que la biosphère. C'est un hypercomplexe système éco-techno-symbolique.

Un des problèmes de notre époque est le mécanicisme – la réduction à des systèmes mécaniques – qui, depuis la révolution scientifique du XVIIe siècle, a marqué la vision du monde occidental. Ce mécanicisme caractérise en particulier la science économique. C'est le terreau de l'économicisme, qui est l'idéologie maîtresse de notre monde. Or il est discutable sur différents plans, et notamment du point de vue de la durabilité.

Par exemple, parlant de l'habitat humain, je me demande si ce paradigme est soutenable ou insoutenable. La question n'est pas seulement d'ordre écologique ; est-ce que le mécanicisme, appliqué à l'habitat, est soutenable d'un point de vue éthique et esthétique ? La réponse est non. Quand vous logez des êtres humains dans des habitats simplement fonctionnels, c'est-à-dire mécaniques, vous soulevez des problèmes auxquels vous n'aviez pas d'abord pensé. Pour qu'un habitat soit humain, il faut en effet quelque chose de plus qu'une bonne mécanique. Certes, le paradigme mécaniciste que s'est donné la modernité a été compensé par l'avènement de ce qu'on a appelé le « sujet moderne », avec son monde intérieur individuel irréductible aux lois de la mécanique. Ce dualisme s'est révélé très efficace, mais il a aussi eu des effets pervers. Il a entraîné une acosmie - une perte de monde (*kosmos* en grec) –, c'est-à-dire l'incapacité d'accorder désormais monde intérieur (celui du sujet) et monde extérieur (celui de l'objet). Cette acosmie provoque d'une part des déséquilibres d'ordre psychologique et sociologique, d'autre part des déséquilibres d'ordre écologique, les uns et les autres insoutenables à moyen terme.

Concrètement, nous sommes incapables de surmonter les contradictions de notre genre de vie, et en particulier celles de notre habitat. Aujourd'hui, en France, la forme d'habitat qui domine, et cela de plus en plus, est l'urbain diffus ; c'est-à-dire quelque chose qui n'est plus vraiment la ville, ni vraiment la campagne, et qui repose sur le couple « maison individuelle/automobile individuelle », avec pour motivation l'idéal d'une vie dans la nature. Cette tendance est absurde, car il est démontré que, d'un point de vue écologique, l'urbain diffus est moins soutenable que l'habitat compact ; il entraîne en effet toutes sortes de gaspillages. Son empreinte écologique dépasse très largement la biocapacité de notre planète. Or nous sommes incapables de surmonter cette absurdité de notre genre de vie. Ce matin, on nous a par exemple montré que le fait d'habiter une maison individuelle avec chauffage au bois représenterait un acte d'amour envers la nature. Mais cela révèle un profond contresens ; car cet amour de la nature se traduit par la destruction de son objet même !

Cette contradiction se situe entre nos représentations et leurs effets écologiques. L'urbain diffus n'est pas soutenable d'un point de vue écologique. Il ne l'est pas non plus d'un point de vue éthique et esthétique. Il traduit en effet une incapacité croissante à vivre ensemble, à accepter l'Autre, qui se manifeste par la ségrégation, les clos résidentiels (*barrios cerrados, gated communities*...), voire la fuite de tout voisinage, sans parler des inégalités croissantes aux diverses échelles, toutes choses injustifiables au plan éthique. Il est insupportable au plan esthétique, parce qu'il ravage les paysages : mitage des beaux sites, décomposition de la forme urbaine, « entrées de villes » immondes, etc.

L'exemple du Japon est particulièrement clair. L'urbain diffus s'y est imposé sur quasiment toutes les terres habitables. Cela s'est traduit non seulement par un enlaidissement généralisé du territoire, mais aussi par le gaspillage des terres arables. Aujourd'hui, le Japon ne subvient plus qu'à 40 % de ses besoins alimentaires. Quant à la composition urbaine (machinami), ce n'est plus qu'un pieux souvenir, dont on entretient ici et là des reliques.

L'urbain diffus est beaucoup plus problématique que le phénomène de la grande ville. La grande ville, dans les pays riches, est à peu près maîtrisée. Elle ne l'est pas dans les pays pauvres, mais on sait plus ou moins ce qu'il faudrait y faire. Ce qu'on ne sait pas résoudre, c'est l'énorme contradiction que comporte notre genre de vie, entre notre quête de nature, qui pousse à l'urbain diffus, et les effets insoutenables de celui-ci aux plans écologique, éthique et esthétique. La solution ne sera pas facile, car elle implique une remise en cause des fondements de la modernité, notamment de l'individualisme.

Bernard Reichen

Architecte, Grand Prix de l'Urbanisme 2005

Je dirai, au risque de sembler fuir mes responsabilités, que la ville est d'abord le reflet des sociétés qui y vivent. Les maux actuels des grandes villes sont liés aux problèmes de cohésion et de cohérence des sociétés elles-mêmes. Il y a un décalage entre un espace que l'on va produire, statique par nature, et son usage qui est évidemment dynamique. Heureusement les urbanistes peuvent compter sur une forte capacité d'adaptation de l'être humain qui peut s'accommoder assez longtemps de types d'espaces qui ne sont pas satisfaisants.

Un espace n'a jamais sauvé, à lui seul, une société mais il peut aggraver considérablement une situation déjà difficile. Pour moi, quand on agit en urbaniste, il y deux questions qui se posent. La première est de comprendre dans quel cycle de développement on se situe, la seconde est d'essayer de comprendre où sont les principes de rupture à l'intérieur du récit urbain. On peut, pendant des décennies, adapter progressivement un mode de faire ou un type d'espace à une société et puis - à un moment - il y a rupture. Et, en général, elle est très rapide. Cette rupture n'a pas le même sens, en termes de cycle d'urbanisation, que les cycles d'évolution plus lents.

On peut dire que nous sommes dans une époque totalement inédite de l'histoire des villes. En particulier, les villes françaises et européennes ont eu beaucoup plus à souffrir que d'autres du moment de rupture du Mouvement moderne après la guerre. À cette époque, on a valorisé une idée assez simple de « table rase » dans laquelle on s'est mis hors de la ville, on a pratiqué le zonage spatial, la logique fonctionnaliste : c'est ce qu'on a appelé l'époque des « trente glorieuses ». Je laisse passer les « trente peu glorieuses » qui ont suivi, qui étaient un moment de doute et d'incapacité à agir, pour arriver à quelque chose de plus important qui est la transformation des liens constitutifs d'une société, qui est en train de s'opérer maintenant. Si, dans les années 1970, l'espace a changé plus vite que la société, c'est maintenant la société qui change plus vite que l'espace. Pour nous c'est un joli casse-tête de raisonner sur un urbanisme qu'on pourrait appeler « urbanisme des modes de vie ».

La ville des années 1970 était une ville conçue pour les besoins d'une société industrielle avancée. On a bâti en se fondant sur quelque chose qui est pour nous, aujourd'hui, une aberration : une société du plein emploi. On a réalisé une relation littérale et fonctionnelle entre l'habitat et le travail. L'effondrement de l'un de ces deux partenaires et la rupture avec cet esprit de la ville industrielle ont cassé l'équilibre de ce couple. C'est dire que les grands ensembles étaient voués à l'échec par la logique même de leur construction et aussi en raison des principes de l'époque.

On est dans une société mobile individualisée dans laquelle le réel et le virtuel se mélangent de façon constante, et dans cette société chaque habitant, chaque jour, se construit une sorte de ville « à la carte ». La résultante de ces déplacements et de ces pratiques est aussi la résultante de son imaginaire. L'intrusion de la ville imaginaire dans l'urbanisme est quelque chose qui va avoir une importance croissante.

Mais cet habitant aspire aussi au bien-être et à la santé. On a un mouvement qui est une sorte de contradiction. Il y a deux facteurs d'évolution : le premier est la mobilité quotidienne, le second est la prise de conscience des questions environnementales. Dans le travail que j'ai pu réaliser à Montpellier sur le schéma de cohérence territoriale, on voit bien qu'aller vivre dans la nature peut sembler quelque chose qui nous rapproche d'une vision environnementale, mais que les effets induits sur les transports et l'équilibre qui vont avec sont en contradiction complète avec cette vision. On peut suggérer aux habitants des modes d'habiter différents : rationaliser les modes de déplacement, proposer des valeurs naturelles qui seront le contrepoint des valeurs historiques qui faisaient les villes anciennes. Tout ça change complètement notre métier car nous sommes rentrés dans un urbanisme des flux qui s'oppose à notre grande tradition d'urbanisation par zones. Cela est aujourd'hui insensé car on renferme les gens dans des bulles à un moment où il faudrait fabriquer des logiques de flux et de diversités.

À partir de ça, j'ajouterais qu'on est passé d'une société du projet commun à une société de risque partagé, notamment au sujet du développement durable. Ce mot, qui veut dire beaucoup de choses et qui est en quelque sorte restrictif, est désormais incontournable. Autour de ce mot, on est obligé de définir des concepts et des principes urbains. Par rapport à cette idée d'une société du risque partagé, il y a un écueil que l'on commence à voir de façon évidente dans notre métier. C'est qu'il est bien plus facile de fabriquer des sur-réglementations qu'un projet commun. Pour trouver de nouvelles façons d'occuper l'espace on peut fabriquer des principes de zonage, de nouveaux systèmes d'interdiction et des systèmes de protection à l'infini, mais en réalité le vrai enjeu est de fabriquer à l'intérieur de ces

« villes/territoires » un projet collectif. Pour moi, ça se résout dans une culture urbaine basée sur le principe de la ville partagée. Les ruptures territoriales - que ce soient les communautés à l'américaine ou les ghettos ou les grands ensembles à la française - sont capables de détruire l'espace et la société plus que les mégapoles des années précédentes. Cette logique de villes partagées est basée sur l'idée de projet qui est toujours à refaire et qui porte sa part d'impureté. Le partage veut dire des formes de compromis, des logiques diversifiées, ça veut dire aussi une part de plaisir et une part d'erreur.
Pour conclure, je crois qu'on peut dire que dans les années 1960 on a bâti des certitudes, maintenant le principe d'un plan urbain est d'intégrer dès sa conception ces principes collectifs. Nous sommes dans une logique du projet ouvert, du projet toujours remis sur le tapis à partir d'un certain nombre d'invariants qui sont partagés par le plus grand nombre de personnes. C'est un projet politique, un projet assez délicat qui s'accommode très mal aux superpositions de compétences dans lesquelles nous vivons actuellement.

Philippe Boudon

Architecte-urbaniste,
Professeur à l'École d'architecture de Paris-La Villette

M. Germon a présenté les personnes qui sont autour de cette table comme des bâtisseurs. Je ne suis pas vraiment bâtisseur, sinon de théories. Mais je pense que les théories sont utiles pour l'enseignement.

L'architecturologie, sujet sur lequel je travaille, a procédé de l'insatisfaction concernant la nature de la connaissance relative à l'architecture. D'un côté, on a des disciplines constituées par leur objet qui abordent l'architecture comme terrain. C'est le cas, par exemple, de la sociologie qui travaille toujours sur le social, même si elle aborde l'architecture. De l'autre côté, on a la pratique architecturale du projet qui reste mystérieuse et échappe à une définition scientifique.

Trois aspects caractéristiques peuvent distinguer la recherche architecturologique. Une première caractéristique réside entre doctrine et théorie : action et connaissance, qui sont souvent confondues. Deuxièmement, la prise en compte de la mesure qui permet d'introduire

une unité théorique dans l'hétérogénéité générale. Troisièmement, la prise en compte de la situation de conception et des enjeux épistémologiques qui caractérisent celle-ci, la mise à mal de la posture scientifique la plus courante qui est celle de l'analyse. Je n'ai guère pour ma part de rapport théorique ni pratique avec l'urbanisation. Je ne fais pas partie des acteurs de l'urbanisation.
Ma participation à cette table ronde serait donc déplacée si ce n'est que lors d'une conférence que j'ai faite au Danemark on m'a posé cette question : devrait-on, à l'endroit de la ville et de l'urbain, envisager une urbanologie au même titre que l'architecturologie sur laquelle vous travaillez ?
Je vais alors essayer de répondre. Cette question implique une analogie entre architecture et urbanisme qui n'est pas sans rappeler celle qu'Alberti faisait lorsqu'il disait que selon les philosophes : « la ville est une grande maison et la maison est une petite ville ». Selon les propos émis par les commentateurs de la nouvelle traduction du *De Re Aedificatoria* - je pense au dossier de la revue *Esprit* autour de Françoise Choay, notamment aux articles d'Olivier Mongin et Olivier Renaud - Alberti fournirait une sorte d'idéal type pour évaluer l'incessante métamorphose contemporaine des flux urbains - idée que je ne partage guère.
Si on admet qu'Alberti apporte quelques solutions aux problèmes urbains contemporains, cela reviendrait à accepter sa phrase clef. Cette phrase revêt un caractère paradigmatique, si on suit sa trace dans le discours qui

accompagne tant l'architecture que la ville. Je pense à Jean-Nicolas-Louis Durand - architecte du XIXe siècle qui enseignait à l'École polytechnique - au rapport Buchanan sur l'automobile dans les villes, et encore, je pense à Robert Rosel qui déclarait qu'urbanisme et architecture sont deux sœurs jumelles qui ne diffèrent que par leur taille.

Et plus récemment, je veux citer un article qui a consacré Françoise Fromonot à propos de la Casa da Musica à Porto, de l'architecte Rem Koolhaas, qui fait écho à Alberti avec son titre : « la maison est une petite ville ». Et encore, les architectes hollandais MVRDV qui écrivent en gros sur la couverture d'un ouvrage récent : « Les trois dimensions peuvent être vues comme le fait même de l'existence de l'architecture, le domaine proprement revendiqué de la profession. En ces temps de globalisation et d'agrandissement d'échelle, une révision de la définition semble nécessaire. Les mètres se transforment en kilomètres et les mètres cubes en kilomètres cubes. »

L'échelle est pensée comme pure proportion et l'accroissement est mathématique, comme chez Alberti. Si on peut admettre que la phrase d'Alberti a une valeur actuelle, on ne doit pas moins la soumettre à une critique théorique. Pour questionner la valeur de ce paradigme, on doit le mettre en rapport avec ceux de la perspective et de la cartographie développées par Alberti lui-même. Un tel paradigme s'inscrit dans une représentation géométrique de l'espace qui n'est autre que celle qu'a permis l'invention de Thales : la similarité des triangles, indépendamment de leur échelle. On peut penser que l'invention de la géométrie par Thalès consiste en la mise entre parenthèses de l'échelle, de la taille réelle. La géométrie, écartée de la dimension réelle des objets, devient un outil épistémologique sinon douteux, du moins problématique. Une telle mise en critique de la géométrie a fourni le programme de l'architecturologie sur ce thème de l'échelle entendue comme lieu de la différence entre l'espace de la représentation et l'espace architectural. Cette réduction permise par la géométrie de Thalès, utilisée par la cartographie et l'architecture, contraste avec le principe d'irréductibilité qui traduit ce passage d'un roman : « Prenez une cathédrale et faites une réduction exacte de quelques centimètres de haut. Cet objet transmettra par sa figure toujours le sens intellectuel du monument, même s'il faut en examiner certains détails, mais il ne produira plus la même émotion, il ne sera plus à l'échelle. »

Si j'évoque une thématique de travail qui demande un développement beaucoup plus poussé que ce que je peux esquisser ici en dix minutes, c'est moins pour aborder cette question de l'échelle que pour faire sentir la nécessité d'un questionnement relatif aux concepts pour penser l'espace architectural et la ville. Qu'on la dise ville diffuse, émergente, qu'on parle d'urbanisme, de mobilité, de densité, de compacité, d'intimité, de centralité, de polycentralité et d'autres concepts en « -ité », ce sont des termes caractérisés par un haut degré de généralité. Ce sont des macro-concepts, qui se différencient des micro-

concepts qui sont des mots dont la définition est partageable. La ville générique est ainsi un macro-concept, comme la ville de trois millions d'habitants de Le Corbusier ou la ville du troisième âge de Christian de Portzamparc. Je m'interroge alors sur cette nécessité qui porte à penser la ville au singulier opposée à une autre partie de la littérature qui pense aux villes avec un « s ». La question se partage entre une représentation généraliste de l'espace et des représentations multiples et individuelles. Faut-il un modèle ou des modélisations locales ?
Pour terminer, si l'architecturologie peut apporter quelque chose à l'urbanologie, ce n'est pas au titre d'une analogie mais d'une incitation à une conceptualisation *a priori* nécessaire (par exemple les études empiriques qui observent les phénomènes urbains). Ce qui est en crise, si crise il y a, c'est une crise des hauts concepts non moins que des objets que nous pensons par nos concepts. Questionner les objets est une chose et questionner les concepts est tout autre chose. Cela est le travail théorique.

Bruno Fortier

Architecte-urbaniste, Grand Prix de l'Urbanisme 2002

Je vais essayer d'aborder quelques-unes des questions que l'on est amené à croiser dès lors que l'on touche au problème des grandes villes et de leur dynamique.

On n'y voit en effet pas très clair si l'on veut à tout prix y voir une totale nouveauté… Le phénomène de métropolisation (passer de la ville à la très grande ville), avec les effets d'échelle qu'on connaît, date en effet de deux bons siècles, et l'on ne peut guère le situer sans revenir aux systèmes de transport, et du même coup aux politiques d'anticipation, qui se mettent en place en Europe à partir de la fin du XVIIIe siècle.

Le décrochage le plus sensible, même si l'intuition qu'on en a est un peu plus ancienne, date en effet des années 1830 à 1860 : moment où se forment en Europe les premières cités millionnaires. Vivacité soudaine de la croissance, effacement des faubourgs, soutien de l'expansion par des infrastructures nouvelles… On connaît bien ce phénomène. Mais ce qu'il faut noter, c'est d'abord une continuité.

Que l'on dessine l'Avenue de l'Opéra, que l'on crée à Milan des passages qui, même aujourd'hui, nous surprennent ou que l'on invente le gratte-ciel..., tout cela peut bien être nouveau, il reste que la ville demeure encore une entité, sinon vraiment fermée, du moins spécifique et complète.

Quand bien même cet espace nous semble « métropolitain », même s'il présente une autre échelle, il demeure en effet unitaire et largement clos sur lui-même. C'est, si l'on veut - avec son faste, avec son fantastique - le premier stade d'un modèle métropolitain dont l'une des grandes curiosités est la sévérité avec laquelle il a été jugé (et rejeté) au cours du XXe siècle.

Car, très vite, le tournant est là. Non pas que cette croissance s'arrête, elle s'affirme au contraire, l'immigration lui donne un poids complémentaire. Mais ce qui s'était agrégé, fixé depuis la Renaissance et finalement cristallisé dans cette extraordinaire forme urbaine, va tout à coup être rêvé sur un mode différent : analytique (par catégories, par programmes), étale (il s'agit d'échapper aux mélanges, d'éteindre cette ville fusionnelle) et - on en voit partout le résultat - étroitement fonctionnel.

Le premier phénomène, ou plutôt le second - ce qui finalement nous oppose à la métropole dense qui s'installe au XIXe siècle - est donc celui de cette ville dénouée, simplifiée et un peu ennuyeuse à laquelle beaucoup d'avant-gardes ont cru devoir souscrire au tout début du XXe siècle.

Le rêve, contrairement à la Renaissance, n'étant plus désormais de fabriquer un artifice urbain, de séparer la ville de la nature par une forme réglée qui n'en suivrait pas le modèle, mais de la conjurer : soit sous la forme « froide » d'une métropole lissée et rationnelle, soit sous la forme pastorale d'une ville dont le destin, précisément, serait de n'être plus elle-même. Moins de ville – New York était tout le contraire, Rome y devenait verticale, elle marchait dans les pas de Gênes –, une nature sinon retrouvée, du moins colonisée : contre l'arrogance de la ville, un horizon hypermécanisé (disposant d'énergie, de vitesse) et pourtant naturel..., voilà, je crois, à grands traits, ce qu'a été ce rêve qu'un sociologue génial (Patrick Geddes) a formulé en 1914 sous forme de question. Se demandant s'il fallait continuer, réformer les villes « noires » de l'Angleterre ou de la Prusse industrielle, et répondant que – parce qu'elle disposait de l'énergie, d'une géographie intouchée, de paysages que n'avait pas marqués l'empreinte industrielle – l'avenir des villes se situait en Norvège. Qu'il était de s'y fondre et de s'y disperser dans une sorte de nuage dont Frank Lloyd Wright, dix ans après, aura donné de son côté une version motorisée : plate sans doute (premiers parkings, premiers supermarchés, tours-aiguilles reliées par hélicoptères) mais extraordinaire.

Il y a donc, plus ou moins assumée, depuis un siècle, non pas la « Métropole », mais l'idée que le lieu de la ville est désormais la terre entière : idée magnifique et tragique. Magnifique par instants (dans les « Constellations » de Arp, chez Wright et chez Geddes) : l'étendue deviendrait un jardin et l'architecture s'y plierait. Mais tragique, on le voit aussitôt, car cette « nature » que l'on rejoint est alors vouée à disparaître tout aussi vite, sinon plus vite encore que les espaces cristallisés qu'étaient les villes anciennes.

Ce qui est en crise aujourd'hui, et ce qu'ont combattu la plupart des modèles urbains imaginés au XXe siècle, c'est donc d'abord cette accumulation et l'artifice que constituait une ville qui, justement, n'était pas naturelle. Moindre résistance de l'espace, massification de programmes de plus en plus rituels (lotissements, grandes surfaces, multiplexes...), renoncement - au fond - au modèle dialectique des villes républicaines, maintien, de loin en loin, de citadelles tertiaires...

Nous en sommes ici aujourd'hui, avec fort peu de pistes, devant l'obligation de réhabiliter la ville et de dire ce que pourrait être, non pas une écologie campagnarde, mais pleinement métropolitaine.

Serge Lepeltier

Maire de Bourges, ancien Ministre de l'Environnement et du Développement durable

Je vais essayer, dans mon propos, en réaction à quelques-uns des intervenants qui m'ont précédé, de parler en tant que praticien de l'urbanisme. Je ne suis pas seulement ancien ministre de l'écologie mais également Maire d'une ville - Bourges - et président d'une agglomération, ce qui me permet de cumuler des compétences qui ont une certaine utilité quand on parle d'urbanisation. Lorsqu'on est dans cette situation, on ne peut éviter de se poser la question de savoir comment gérer la liaison entre écologie et urbanisme.

Je souhaite souligner d'emblée le fait que nous avons à résoudre des difficultés qui proviennent de ces deux termes du problème. Je ne suis pas un praticien de la mégapole ou mégalopole, car ma ville et son agglomération font cent mille habitants, tout au plus, ce qui représente la ville moyenne française.

En parlant d'écologie et d'urbanisme, nous sommes en face d'une double contradiction. D'une part, le désir des

populations - irrationnel - est d'être dans une ville étalée, dans une maison avec beaucoup de verdure autour et, si possible, d'avoir un cadre de vie de qualité, comme dans les villes à l'anglaise. Cette idée semble venir en défense de la Nature car on souhaite, bien sûr, préserver des espaces verts. Mais en réalité, c'est tout l'inverse.
Pour faire de l'écologie en matière urbaine, il ne faut pas trop d'étalement urbain. Quand on étale les villes on doit prévoir un développement des transports et donc une double consommation d'espace et d'énergie. Dire à la population - qui est généralement contre la ville concentrée et les grands ensembles - qu'une attitude proprement écologique est de densifier les villes n'est pas facile.
En tant que Maire de Bourges, j'ai changé le plan d'occupation du sol. Nous avons fait une étude d'urbanisme qui a montré que l'une des grandes qualités de cette ville était de bénéficier d'une rupture très forte entre le territoire urbain et le territoire non urbain. Nous n'avons pas, à Bourges, de quartiers qui s'étalent à la sortie de la ville et nous avons souhaité conserver cette rupture brusque du territoire. Nous nous sommes fixé comme objectif de refermer la ville sur elle-même ou, comme j'ai eu le malheur de dire une fois, de « combler les dents creuses ». La première fois que j'ai employé cette expression dans une réunion publique, je me suis fait attaquer de façon sévère. On a dit que j'étais un bétonneur. J'ai alors entrepris d'avoir une discussion avec la population pour faire comprendre la contradiction où nous nous trouvions et

pour expliquer en quoi limiter l'extension d'une ville correspond à un projet authentiquement écologique. Il faut voir toutes les facettes de l'écologie !
Nous, les Maires, on a donc un double besoin : faire de la pédagogie et utiliser les outils qui nous sont propres. Ces outils sont, par exemple, les PLU (Plan Local d'Urbanisation) ou le PDU (Plan de Déplacement Urbain) mais aussi la possibilité d'intervenir sur le prix du foncier. Je suis étonné par exemple que depuis la loi sur l'air votée en 1996, il y ait eu seulement soixante-douze PDU adoptés en France, ce qui est très peu.
Quand on regarde les derniers recensements, on voit deux tendances : la croissance des pôles régionaux (Nantes, Montpellier, Toulouse...) et la croissance des zones dites sub-urbaines. Celles-ci comprennent les villes et les villages qui se développent dans un rayon de dix kilomètres autour d'une grande ville et posent un vrai problème écologique : elles impliquent un important développement du transport individuel. Si on va à dix kilomètres de la ville, c'est pour être à la campagne mais aussi pour des raisons de prix du terrain. L'investissement est moins élevé, mais si on y ajoute le prix des transports qu'on devra faire ensuite, on s'aperçoit qu'à long terme, ce choix coûte, en fait, très cher.
Le problème est délicat, car si on fait des politiques trop globales, on risque de tomber dans les certitudes du fonctionnalisme des années 1960. Il n'y a rien de pire que les choix d'urbanisme faits à cette époque. Il faut au contraire permettre toutes les possibilités d'évolution et

ne pas créer de rupture forcée, car cela implique presque toujours aussi une cassure sociale. Nous devons utiliser des outils qui sont à notre disposition tout en permettant différentes possibilités d'évolution en fonction des souhaits des gens. Le métier de Maire, qui est un métier d'urbaniste, est, pour cette raison, très difficile car nous sommes toujours en face de ces contradictions. Je crois que ce défi va avec l'évolution de la société : il faut écouter les besoins de la population mais aussi lui présenter les risques qu'il y a dans une évolution trop spontanée.

Jean-Christophe Rufin

Prix Goncourt 2001, Président d'Action contre la Faim

Vous avez plutôt parlé de villes proches (Bourges est d'ailleurs ma ville natale) et de taille moyenne mais, en tant que médecin et responsable d'une organisation humanitaire française, je vais vous parler de villes lointaines et gigantesques.

Depuis la fin de la guerre froide, les organisations humanitaires qui étaient habituées à travailler dans des camps de réfugiés, des zones désertiques et lointaines, sont de plus en plus amenées à travailler dans les villes, voire dans des mégapoles : Kaboul, Kigali, Mogadiscio, Bagdad, Grozny, Monrovia, Kinshasa... Nous sommes ainsi conduits à nous interroger sur les relations entre violence et ville, entre guerre et ville, entre famine et ville. Ce qu'on appelle « les nouveaux visages de la faim » se trouvent de plus en plus dans ces villes.

Dix-neuf des vingt-trois mégapoles citées par Dominique Lecourt se trouvent dans les pays en voie de développement. Cela veut dire que la croissance des villes n'est pas proportionnelle à la croissance des performances économiques du pays. C'est même souvent le contraire. C'est parce qu'il existe une faillite dans l'environnement non-urbain que les gens migrent vers la ville ; c'est pour trouver ce qu'ils n'ont plus à la campagne, notamment des moyens de subsistance. Les villes du tiers monde grandissent parce qu'elles se situent au milieu de zones ravagées par la guerre. Les formes de développement des années 1960 ont correspondu, dans les pays d'Afrique, à un passage d'une misère de la campagne à une misère de la ville. Les nouveaux habitants vivent dans des bidonvilles, dans les banlieues, ou les « slums » des grandes cités. Quand on dit qu'une ville fait dix millions d'habitants, comme São Paulo - ce qui équivaut à la population de la République tchèque - cela signifie, en fait, qu'il y a un noyau au centre-ville, qui n'a pas vraiment augmenté, et que l'augmentation se concentre dans des *favelas* en périphérie de la ville, dans une forme d'urbanisme dégradé, presque en continuité avec la nature.

Un continent comme l'Afrique qui était, il y a cinquante ans, majoritairement rural, est aujourd'hui devenu en majorité urbain. Les populations qui s'accumulent dans ces banlieues sont des populations déracinées.

Un sociologue américain des années 1960 - Oscar Lewis - a décrit la population indienne de la banlieue de Mexico des années 1950 et 1960 comme une « culture de pauvreté ». Il a mis en relation cette culture avec d'autres exemples de phénomènes de croissance urbaine, comme l'augmentation de la population de Glasgow après la révolution industrielle du XIXe siècle. Cette population n'est pas composée de gens qui travaillent. Ce n'est pas non plus, bien sûr, un paysannat. Ce n'est pas une structure sociale traditionnelle. Cette « culture de la pauvreté » possède cependant une marque distinctive : la violence. C'est la loi du plus fort qui règne, depuis la cour de récréation jusqu'à la mafia. La violence des rapports est une caractéristique sociologique importante de ces populations.

Il faut ajouter que l'État a complètement abandonné ces zones périphériques et parfois pour de bonnes raisons. Les organisations humanitaires ne prônaient pas cette ligne de conduite, mais la réduction des dépenses de l'État a parfois créé des situations absurdes. Le délitement des services et l'absence totale d'encadrement empêchent de faire face à la violence dans ces zones.

Par ailleurs, les guerres dans les pays du tiers monde ont changé de nature au cours des dernières années. Dans les années 1950 et 1960, la guerre se faisait dans les zones les plus reculées du pays. En s'inspirant de Mao Tsé-toung ou Che Guevara on faisait des actions de guérilla à la campagne. Or, depuis l'effondrement de l'Union soviétique, on assiste à des actions au cœur des villes. La Somalie fut le premier exemple. Il fut suivi de celui de l'Afghanistan : on a vu abandonner progressivement les zones de guérilla pour aller vers la ville, vrai enjeu du combat. Ainsi Kaboul a été complètement détruite. Idem pour Mogadiscio.

On assiste donc à une convergence entre l'accroissement

des périphéries des villes préparées à la violence et le fait que les conflits armés se rapprochent des villes : conjonction qui peut être explosive. On a vu des crises qui sont pour le moment de petite taille. Sarajevo, par exemple, comptait trois cent mille habitants et il a fallu, pendant deux ans, la nourrir complètement. Mais, imaginons ce que pourrait être une crise semblable dans une ville comme Kinshasa…

Nous sommes très préoccupés par ce phénomène et nous avons fait une étude - qui sera publiée prochainement - sur quatre villes : Kinshasa, Monrovia, Buenos Aires et Les Gonaïves (Haïti). Nous avons essayé de voir, préventivement, ce qui se passe dans ces villes et comment on peut les approcher avant qu'elles n'explosent. Schématiquement nous sommes devant deux situations. L'une, la plus catastrophique, c'est d'attendre la crise en sachant que l'action humanitaire dans une ville est très difficile car la population même, dans ce cas, est mêlée à la guerre. De plus, si la ville est encerclée, les famines touchent des populations qui sont totalement dépendantes. Si on vous coupe l'eau et la nourriture dans une ville, vous n'avez aucune possibilité de vous en sortir. Nous devons donc essayer d'anticiper des modes d'action en situation de crise.

L'idéal est, évidemment, de ne pas en arriver là et de poser la question des mégapoles avant que la crise n'arrive. Nous sommes amenés à revisiter les approches de développement de façon préventive. Diminuer la présence de l'État est souvent une bonne chose, mais quand

il n'y a plus du tout de contrôle, on risque de mettre en danger la population.
En conclusion, ce tableau sombre n'est pas là pour dire qu'il faut ramener les gens à la campagne ou être contre les mégapoles. Il faut reconnaître que la problématique du développement est complètement changée et doit être concentrée autour d'actions dirigées vers les villes. Et il ne faut pas attendre que les crises soient là pour agir.